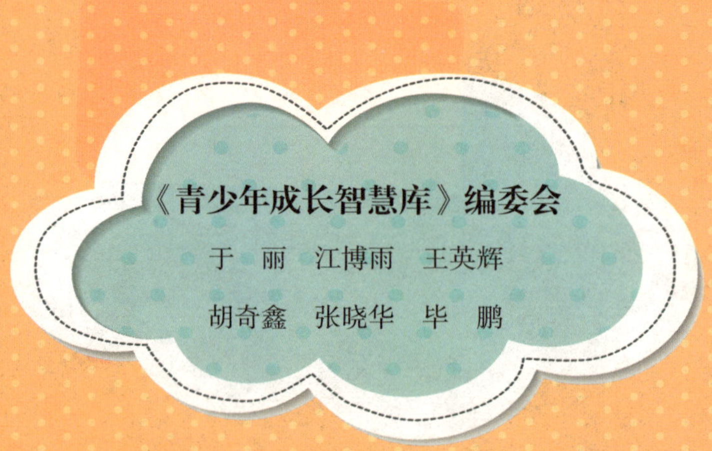
《青少年成长智慧库》编委会
于　丽　江博雨　王英辉
胡奇鑫　张晓华　毕　鹏

让我们大开眼界的百科系列

最长见识的动物奥秘百科书

《青少年成长智慧库》编委会　编著

天津出版传媒集团

天津科技翻译出版有限公司

图书在版编目（CIP）数据

最长见识的动物奥秘百科书 /《青少年成长智慧库》编委会编著 . — 天津 : 天津科技翻译出版有限公司 ,2012.12（2021.7 重印）

（让我们大开眼界的百科系列）

ISBN 978-7-5433-3142-6

Ⅰ . ①最… Ⅱ . ①青… Ⅲ . ①动物 – 青年读物 ②动物 – 少年读物 Ⅳ . ① Q95-49

中国版本图书馆 CIP 数据核字 (2012) 第 278461 号

出　　版：天津科技翻译出版有限公司
出 版 人：刘子媛
地　　址：天津市南开区白堤路 244 号
邮　　编：300192
电　　话：（022）87894896
传　　真：（022）87895650
网　　址：www.tsttpc.com
印　　刷：天津画中画印刷有限公司
发　　行：全国新华书店
版本记录：889 × 1194　16 开本　8 印张　80 千字
2012 年 12 月第 1 版　2021 年 7 月第 2 次印刷
定　价：36.00 元

序言

给小朋友的话

小朋友，你每天背着沉甸甸的书包，做着数不清的功课，是不是有时候会觉得辛苦、疲惫呢？是否有时候会这样想：如果学习和获得知识能像玩耍那样轻松快乐该有多好啊！

这套书正是这样为你设计的。通过一个个简单、有趣的故事和一幅幅漂亮、有趣的插图，为你营造一个轻松、舒适的氛围。从本书中你可以探知以前所不知道的世界，从而获得更多有用的知识。

给家长的话

您的孩子正处于儿童期，他们天真活泼、富于幻想，有很强的好奇心和求知欲，对身边的新鲜事物总是想去探究一下，“为什么”成了他们挂在嘴边最常用的语言之一。这个时候家长千万不能不予理睬，也不要随便扔给他们一本百科书。作为孩子的启蒙教育者，家长们应该精心挑选一些适合他们这个年龄段阅读的生动、有趣的知识性图书，并且要积极地引导他们在阅读过程中多加思考。这样不仅能够使他们真正获得丰富有用的知识，还能够培养他们主动思考的好习惯，从而开阔孩子的视野并为他们以后更好的发展奠定坚实的基础。

从孩子的成长过程来看，能力最初来源于知识的不断积累和对思维方式的创新与开发。从无数的例子中可以发现，孩子最初并不对某些事情发表看法，最主要的原因是他们对这些事情一无所知。然而，一旦他们非常了解了一件事情，即使是最内向的孩子，也会想要将自己的想法告诉别人，而且如果得到鼓励，他将会更加积极地探究、思考更多的事情。长此以往，孩子的头脑中关于思考、创新的部分将得到很大的锻炼和培养，最终对他们未来的学习、工作和生活都将有所帮助。

这套系列丛书在兼具科学性和趣味性的同时，结合了当今时代的特征和儿童的特点，将最新的科学、人文知识介绍给广大的小读者。这不仅是帮助他们认识世界、了解世界的窗口，也是对课本内容的补充和深化，有助于提高孩子们的综合素质和个人能力。

目录

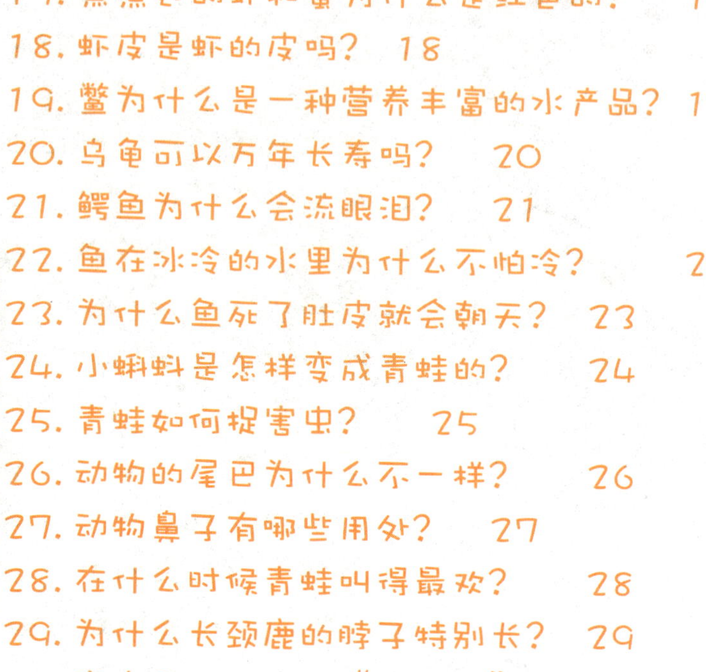

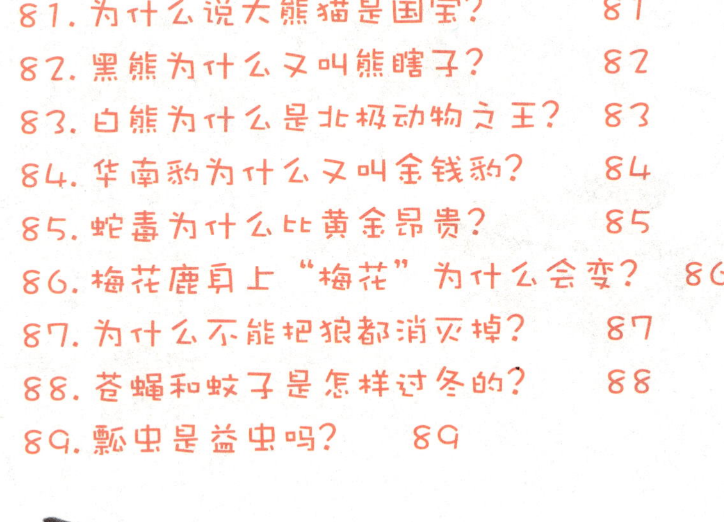

1. 动物与植物有哪些区别？

植物和动物是生物的两大门类，那么，怎样来分辨一种生物是植物还是动物呢？

那是以一条非常严格的标准来区分的，那就是植物的细胞有着厚厚的细胞壁，而动物只有一层细胞膜，没有细胞壁。除了平时我们可以看到的少数寄生和腐生的植物以外，植物几乎都要进行光合作用来制造“食物”，生存方式是自给自足；而动物则不能自己制造养料，要捕食别的生物才能生存。

同时，植物的生长有一个过程，一般都要经历发芽、长叶、开花、结果、死亡等几个时期，一生几乎就只在一个地方生存直到死亡。而大多数动物都可以到处跑来跑去，处于运动状态，许多动物都具有眼睛、耳朵等特殊的感觉器官，它们凭借这些器官来感觉周围的一切信息。此外，动物还有一些可以迅速传递周围信息的神经细胞，能够对变化快速做出反应。

1. 植物的细胞有着厚厚的（　）。

A. 细胞核　B. 细胞壁　C. 细胞膜

2. 动物的细胞只有（　）。

A. 细胞核　B. 细胞壁　C. 细胞膜

动物的起源

约10亿年前，地球上仅生存着极微小的单细胞生物，比如细菌。大约5.45亿年前，这些动物全是无脊椎动物。又过了4500万年，脊椎动物出现，它们开始生活在海洋里，经过不断演化，最终形成了现在的动物界。

答案：1.B 2.C

2. 龙是什么动物？

在我国的传说中，龙是最神奇也是最神气的动物。它不仅有庞大的身躯，有腾云驾雾、呼风唤雨的本领，而且还是皇帝的象征，我们还常常自称是龙的传人呢。

但是到目前为止，没有人真正见过龙。考古学家告诉我们，地球上从来没有龙这种动物，龙只不过是中国远古人民想象出来的。

在殷商时代的文字符号中，龙字只是在蛇字的头上加了一个角而已，这说明龙的原型很有可能是蛇。中国的古人会想象出来“龙”这种动物，恐怕与当时洪水泛滥的情况有关。当时河流经常危害到人们的生活和生命财产，迷信的人以为这是上天在惩罚自己，而上天的代表就是龙了。因为它比一条小小的蛇更威猛，也更适合我们这样一个泱泱大国的气度。

想一想

1. 在我国的传说当中，（　）是皇帝的象征。

A. 龙　B. 凤凰　C. 蛇

2. 龙的原型很有可能是（　）。

A. 恐龙　B. 蛇　C. 蚯蚓

为什么恐龙会灭绝？

恐龙在生物进化史上，曾有过辉煌的一页，但这种巨大的动物最终还是没有逃脱在地球上灭绝的命运。至于它们灭绝的原因，科学家做了种种猜测：一些专家认为是火山爆发引起的；另外一些科学家则认为是陨石撞击地球造成了恐龙和其他动物的死亡；还有一些人推测是小行星的撞击，造成了地球的震荡……

答案：1. A　2. B

3. 大鲵为什么被称为“娃娃鱼”？

娃娃鱼是目前世界上最大的两栖动物，学名叫大鲵或鲵鱼，是我国特有的两栖动物。

大鲵被称为“娃娃鱼”，是因为它的叫声像婴儿的啼哭。它体态奇异，身上无鳞、无毛、无鳃、无鳍，与人一样用肺部呼吸，棕褐色的身躯，长有地皮状花纹和隆起的小疙瘩。宽阔的头上有一双小眼睛，四肢短小，长有脚掌和脚趾，在陆地上行走，爬树就靠四脚，还有一条橹桨式的长尾巴。

娃娃鱼在野外有着特有的生活方式。它白天常常潜息在清水的洞穴内，夜间才上树捕鸟为食，或者游出洞穴，张口对着流水，让鱼、虾、虫、蛙等食物囫囵流入肚里。娃娃鱼主要以此为寻食方式。井冈山溪涧纵横，洞泉密布，溪水清澈凉爽，是娃娃鱼的乐园。

想一想

1.（　）是娃娃鱼的学名，是我国特有的两栖类动物。

A. 鲸鱼　B. 鲤鱼　C. 鲵鱼

2. 娃娃鱼的叫声像婴儿的哭声，而且它用（　）呼吸。

A. 鳔　B. 肺　C. 腮

娃娃鱼是怎么冬眠的？

娃娃鱼的新陈代谢缓慢，食物缺少时耐饥能力很强，有时甚至2～3年不进食都不会饿死。它在每年的9～10月活动会逐渐减少，冬季则深居于洞穴或深水中的大石块下冬眠，一般长达6个月，直到翌年3月才开始活动。不过它入眠不深，受惊时仍能爬动。

答案：1.C　2.B

4. 熊猫只吃素吗?

大熊猫作为我国特有的珍稀动物，已被奉为“国宝”。它的老家在我国的四川、甘肃、陕西的崇山峻岭中。

大约在 8000 万年前，地球开始变冷，许多动物都被冻死饿死了，而大熊猫却躲在高山深谷中活了下来，至今还保持着古代动物的一些特征，它成了动物学家研究古代生物的活化石。

熊猫的祖先是食肉动物，可演变到今天，它成了吃竹子的动物。它的胃不能消化纤维性的食物，只能吸收竹子中的汁水，它还爱喝泉水，竹子和泉水是它的主要食物。动物园里的熊猫还爱吃苹果和玉米。

熊猫作为我国的友好使者曾出使日本、英国、美国等国家。但是，大熊猫的繁殖率极低，每胎只生一两只，刚出生的幼仔特别弱小，极易遭到天敌的袭击，所以熊猫种群发展极慢，再加上人类对熊猫生存空间的破坏，使得保护大熊猫成了严峻的问题。

为什么大熊猫会“醉水”？

大熊猫常生活在清泉流水附近，有嗜饮的习性。有时，它们会不惜长途跋涉到很远的山谷中去饮水。一旦找到了水源，大熊猫就没命地畅饮，以至“醉”倒不能走动，如同一个酗酒的醉汉躺卧在溪边。因此有“熊猫醉水”之说。

1.(　)是活化石。

A. 北极熊　B. 狗熊　C. 大熊猫

2.(　)和泉水是熊猫的主要食物。

A. 竹子　B. 肉　C. 草

答案：1.C　2.A

5. 螺为什么是美丽的“建筑师”？

我们在海边散步的时候，会在沙滩上找到一些漂亮的螺壳，这些螺壳是螺的“房子”。

螺类动物中的海螺、田螺和蜗牛都是常见的无脊椎软体动物，它们都是有名的“房屋建筑师”，特别是海螺的壳最为美丽，具有很高的艺术欣赏价值。螺类的外壳都呈螺旋状，有的像宝塔，有的像纺锤，有的像陀螺，还有的像帽子或双锥。螺壳不仅外表漂亮夺目，而且非常实用，它分三层，内层比较薄，用文石做成，特别光洁；紧挨着螺柔软肉体的中层最厚，用方解石做成；外层也比较薄，是比较粗糙的彩色角质层，饰有花纹。由于螺在“建筑”方面的奇才，常常使得许多不会“盖房子”的寄居蟹垂涎三尺，螺死后，它的“房产”经常会被寄居蟹霸占。

1. 螺类动物中的海螺、田螺和蜗牛都是非常常见的无脊椎（ ）动物。

A. 环节　B. 爬行　C. 软体

2. 海螺、田螺和蜗牛都是有名的“房屋建筑师”，特别是（ ）的壳最为美丽，具有很高的艺术欣赏价值。

A. 海螺　B. 田螺　C. 蜗牛

为什么寄居蟹要背螺壳？

螺壳对寄居蟹的作用很大，如果它遇到可怕的敌人，就把身体缩进坚硬的螺壳中，使敌人无可奈何。

答案：1.C　2.A

6. 珊瑚也是动物吗？

在大海中，有许多五颜六色的珊瑚，有的像松树，有的像花丛，那里是鱼儿们的天堂。但是，珊瑚并不是植物，而是珊瑚虫群体死后留下的骨骼。

珊瑚虫属于只有内外两个胚层的腔肠动物，样子像一个双层口袋。它只有一个口，没有肛门，食物从口中进去，需要排出的食物残渣也从口中排出。口的周围生了许多触手，触手可以捕捉食物。珊瑚虫个体的身体微小细软，互相之间由共肉连接，所以叫珊瑚虫群体。共肉部分能分泌石灰质的骨骼，越积越多之后，就形成了美丽的珊瑚。

珊瑚虫有很多种类，它们都生活在海里，尤其喜欢水流快、温度高、比较清净的暖海地区。

死后的珊瑚虫群体骨骼用处很多：有些质地粗糙，可以做烧石灰、制人造石的原料；质地好的可以做建筑用材；有些质地紧密、色泽鲜艳的可以雕琢成工艺品，而红色的尤为人们所珍视。

1. 珊瑚虫是（　）动物，样子像一个双层口袋。

A. 甲壳　B. 两栖　C. 腔肠

2. 珊瑚虫身体很微小，互相之间由共肉连接，所以叫它珊瑚虫（　）。

A. 群体　B. 团体　C. 群

有骨骼的珊瑚

珊瑚只有水螅体，没有水母体。珊瑚的骨骼由躯体下部的基盘和体壁的皮层分泌的石灰质形成。内陷的骨骼与包在外面的骨骼共同形成了珊瑚座，珊瑚虫的下部就镶嵌在此座内，上部仍露在外面。

答案：1C 2A

7. 寄居蟹为什么居住在螺壳里？

寄居蟹外形既像蟹，又像虾，身上总是背着一个大螺壳，一旦受到惊吓，它就立刻把身体缩进螺壳里。这个螺壳不是它自己天生的，而是捡来的，有的甚至是寄居蟹把活的海螺吃掉抢来的。当它的身体长大，原来的螺壳住不下了，就再找一个合适的螺壳。这个“房屋”对寄居蟹很有用。由于寄居蟹没有敏捷的游泳技能，也没有蟹坚硬的甲壳，没有什么可以抵抗敌害的武器，只好把螺壳当作避难所了。寄居蟹的腹部已经退化，比较柔软、长而且弯曲，能够完全藏在螺壳里，用尾扇钩住螺壳顶部，爬动时身体不会从螺壳里滑出来。

在大海里，寄居蟹居住在螺壳里，而海葵又伏在寄居蟹的“屋顶”。它们一起游玩，寻找食物，遇到敌害时，海葵可以用它的刺丝螯保护寄居蟹。它们的这种彼此依存、共同生活的现象，在动物学上称为共生。

1. 寄居蟹的（　）已经退化，比较柔软、长而且弯曲，能够完全藏在螺壳里。

A. 尾部　B. 头部　C. 腹部

2. 寄居蟹和（　）的关系叫作共生。

A. 海参　B. 海葵　C. 海星

蟹钳有什么用？

蟹的两只大钳用处很大，既能挖掘洞穴，又是防御和进攻的武器。当它受到惊吓时，会立即举起双钳向来犯者示威。

答案：1.C 2.B

8. 牛只看见红色才会兴奋吗？

很多人以为牛看见红色就兴奋，所以，西班牙的斗牛士都是一边躲闪，一边抖动着手中的那块红布来挑逗牛。在一片喝彩声中，被激怒的牛向斗牛士猛冲过去，想把他一下撕成碎片。

假如斗牛士抖动的不是红布，牛会不会兴奋呢？有人拿来别的颜色的布在牛的面前抖动时，牛依然被激怒了，不顾一切地用犄角猛刺斗牛士。由此可见，不管什么颜色的布，只要在牛的面前抖动，它都会以为那是对自己的一种挑衅，会冲过去拼个你死我活。

其实，科学家们研究发现，牛对颜色的辨别能力很差，这是为什么呢？动物的眼球底部有一层视网膜，而视网膜上既有感受亮光的锥状细胞，也有感受暗光的杆状细胞，当光线刺激视网膜时，动物才能看见物体及其颜色。牛眼睛的视网膜上的杆状细胞多于锥状细胞，因此，牛对物体的颜色是没有什么概念的。

想一想

1. 动物的眼球底部的视网膜中（　）感受亮光。

A. 杆状细胞　B. 锥状细胞　C. 卵细胞

2. 动物的眼球底部的视网膜中（　）感受暗光。

A. 杆状细胞　B. 锥状细胞　C. 卵细胞

麝牛到底是牛还是羊？

麝牛又叫麝香牛，外形上很像牛，角也像牛，母麝牛还长着跟母牛一样的四个乳头，但是尾巴却像羊一样短小，头上的角和羊一样从头顶上长出，牙齿也与羊的差不多。它们是牛与羊的过渡类型动物。没人打扰时，它们还可以反刍。

答案：1. B　2. A

9. 黄鳝可以改变性别吗？

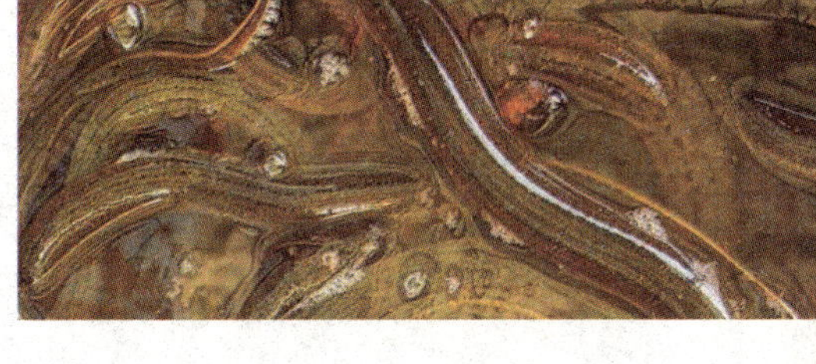

变性美女已经不再是让人大惊小怪的事情了，可是你听说过会改变性别的鱼吗？雌黄鳝就可以变成雄黄鳝，它可不是通过手术哟。

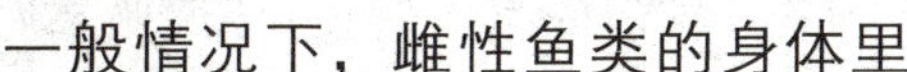

一般情况下，雌性鱼类的身体里有卵巢，雄性鱼类的身体里有精巢，从生到死都不会改变，而黄鳝却与众不同。刚孵出的小黄鳝都是长有卵巢的雌性鱼，当小黄鳝发育成熟并产卵以后，卵巢就开始发生变化，原来生长卵细胞的组织渐渐转化为生长精子的精巢，于是，雌鳝就变成可以排放精子的雄鳝了。这时，它就固定成为雄性，即使排完精子以后也不会再变回雌鳝了，黄鳝的这种特性叫作“性逆转”。

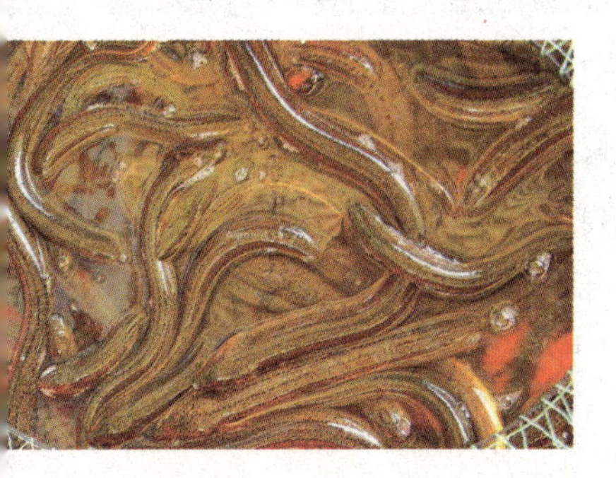

这种特性对于黄鳝种族而言是很有利的，每年都会有一批雌鳝变成雄鳝，每年又有一批雌鳝繁殖出来，保持了其种族的延续性。

选购黄鳝最简单的方法是什么？

在选购黄鳝用于养殖时，若通过体表检查未发现异常，可将其放入水中，长时间伸头出水的黄鳝则应将其剔出。若伸头出水的黄鳝较多，则不要收购该批黄鳝。

想一想

1. 可以自己改变性别的鱼类是（　）。

A. 鲤鱼　B. 带鱼　C. 黄鳝

2. 黄鳝改变性别的特性在科学上称为（　）。

A. 性变异　B. 性逆转　C. 性逆变

答案：1.C　2.B

10. 为什么河马的五官都长在头顶上？

河马是生活在非洲湖泊里的一种哺乳动物，是最大的非反刍偶蹄目动物。河马长得很丑陋，它们的外表像一只硕大无比的猪，它的身躯特别肥胖，嘴巴大大的，眼睛小小的，看上去很可怕。但是，河马只吃水草和树叶，它长着一张簸箕状的血盆大口，张开时上唇可以高过头顶，能够达到90°，一个小孩藏在其中也不成问题。

河马的眼睛、鼻子、耳朵等五官几乎都长在头顶上。原来，河马天生喜欢待在水中，只有等到夜深人静的时候才到岸上寻找食物。白天，当它把自己全部隐藏到水中的时候，只要稍微露出一点脑袋，感觉器官就正好超出水面。这样一来，河马既能隐藏自己，也可以通过水面上的眼睛和耳朵关注外面的世界，监视周围的动静，又可以用鼻子来呼吸到新鲜的空气，一举数得。所以，河马将五官长在头顶与它特殊的生活习性相关。

1. 河马是（　）动物。

A. 食人　B. 肉食　C. 植食

2. 河马的眼睛长在（　）。

A. 鼻子上面　B. 头顶上

C. 鼻子下面

会流血的皮肤

河马经常全身“流血”，却似乎习以为常，不见丝毫痛苦状。其实，这并不是血，而是河马在炎热的环境中待久了，就会从汗腺中排出一种呈粉红色的油脂性汗，像红色血液一般。这种“血汗”可以起到很好的防晒和避免脏水浸染的屏障作用。

答案：1.C　2.B

11.被称为“海上老人”的是谁?

海獭是肉食性哺乳动物，是稀有动物，只产于北太平洋的寒冷海域，分为海水海獭和淡水海獭两种。其中，海水海獭被称为“海上老人”。

海水海獭集中于北美西海岸，从加州到阿拉斯加，以及这一地区北部水域的宽阔地带。海水海獭比淡水海獭大，体重也比淡水海獭重得多；海獭的身上长有动物界中最紧密的毛发（每平方厘米有12万根），为暗褐色；外表好像覆盖了一层霜，还长着白色的胡须，这就是“海上老人”绰号得来的原因。

海水海獭很调皮，时常仰浮在水面上，把自己的肚子当成餐桌，把螃蟹、海胆和其他海生动物捉来吃掉。

淡水海獭主要集中在墨西哥到阿拉斯加之间的溪湖里面，通常住在溪边或湖旁的洞里，里面铺着树叶。淡水海獭虽然好动，却很害羞，不常被人看见。

有没有旱獭?

旱獭又称土拨鼠，是一种很有趣的哺乳动物。旱獭的头宽而短，耳朵小而圆，四肢短小有力，善于挖掘。旱獭毛粗糙，毛色为浅黄褐、褐、浅红褐色或黑白混合而成的灰白色。旱獭栖息于山区平原的开阔地区，一有风吹草动就发出刺耳的啸叫。

1. 海獭是（　）性哺乳动物。

A. 混合　B. 肉食　C. 植食

2. “海上老人”是（　）的绰号。

A. 海水海獭　B. 海獭　C. 淡水海獭

答案：1.B　2.A

12. 鸭嘴兽是怎么生活的?

鸭嘴兽是澳大利亚的特产动物。它全身长着浓褐色的短毛，嘴巴外形很像鸭嘴，故此得名。鸭嘴兽虽然属于哺乳动物，却和爬行动物一样是卵生的，生殖、排泄都通过唯一的泄殖腔，属于单孔类。

鸭嘴兽的四肢健壮，向外延伸，行走时匍匐前进，腹部常着地，样子很像爬行类。但是它们具有哺乳动物的特征，有乳腺，以乳汁哺育幼兽，体表有毛。鸭嘴兽一般白天睡觉，晚上才出来捕食，它们的食物主要是蚯蚓、蚱蜢、青蛙等，食量非常大，而且吃相很可爱。

鸭嘴兽的大部分时间都在水里度过，有人戏称它们的“婚礼”也是在水里举行的。鸭嘴兽喜欢把洞穴建在水边，洞穴一般为一二十米长，有两个出口，一个通到水里，另一个通到岸上。它打洞的速度非常快，用嘴喙拱土的同时用前爪刨土，一会儿就凿成了。

鸭嘴兽怎样繁殖后代?

虽然鸭嘴兽属于哺乳动物，但却和爬行动物一样会下蛋。鸭嘴兽的蛋需要十几天的孵化，幼兽就出世了。起初幼兽并不进食，但过不了几天，鸭嘴兽妈妈就会用自己的乳汁来喂养它的小宝宝，直到宝宝能够独立生活为止。

1. 鸭嘴兽的大部分时间都是在（　）度过的。

A. 树上　B. 水里　C. 陆地

2. 鸭嘴兽是（　）动物。

A. 植食　B. 爬行　C. 哺乳

答案：1.B 2.C

13. 螃蟹为什么横行?

大多数动物都是向前走的，而螃蟹却是有名的“横行将军”，它为什么不向前爬呢？原来是因为它的身体结构决定了它的爬行的方向。

螃蟹是节肢动物，它身体的表面有一层硬硬的甲壳，头部和胸部连在一起，腹部是扁平形的，叫“蟹脐”。螃蟹的两侧对称地长着1对螯足和4对步足。螯足分别向头部靠拢，是捕捉食物的工具和攻击敌人的武器，步足分别向左右两侧伸出，可用来爬行或在水里游动。

螃蟹的每条步足都有关节，和其他节肢动物不同的是，它的关节只能上下方向活动，而不能前后转动。它在爬行时，由一侧的步足足尖抓住地面，另一侧足尖向外伸直，把身体推送向侧面移动。由于步足的长短不一样，所以螃蟹虽然是横行，爬的也不是一条直线，而它这种爬行的姿态是在动物界里独一无二的。

1. 螃蟹是（　）动物。

A. 甲壳　B. 节肢　C. 软体

2. 螃蟹的4对步足不一样长，所以爬行时（　）沿着一条直线。

A. 会　B. 不会

“眼观六路”的螃蟹

螃蟹长着一双非常特殊的眼睛——柄眼。顾名思义，它们的眼睛是长在柄上的，柄的基部有可以灵活运转的关节，使得这一长形的柄既可以竖起，又可以倒下。竖起时，可以眼观六路，倒下时，甚至可以连柄一起藏在眼窝中，毫不碍事。

答案：1.B　2.B

14. 鼠为什么总不会灭绝?

老鼠的破坏性非常大，不仅咬坏家具、衣服，还糟蹋粮食，毁坏建筑物，传播疾病。所以，人们总是千方百计地要消灭它，猫头鹰、猫、黄鼠狼等都是老鼠的天敌，可是老鼠却没有灭绝，这是为什么呢?

科学家们认为，老鼠的繁殖能力非常强，一对老鼠一年可以繁殖 5000 多只小老鼠，而且幼鼠的成活率很高。老鼠采用的这种以量取胜的方法，常常是消灭一批，又成长一批，这个物种始终都能存活下去。

最让科学家们百思不得其解的是，老鼠终日以垃圾、厕所和臭水沟为家，却几乎没有什么疾病。况且，它们根本不“挑食”，五谷杂粮甚至各种垃圾都可以填饱肚子，竟然能消化掉，真让人不得不佩服老鼠的生存能力了。

在鼠类中，鼠与鼠之间的体形差别很大。大的可至袋鼠，站起来几乎有 2 米高，体形最小的鼠是金龙鼠，它既会爬树又会挖洞，背上长着 5 条黑色的纵纹。

想一想

1. 一对老鼠一年可以繁殖（　）多只小老鼠。

A. 3000　B.4000　C.5000

2.（　）可以说是人类最痛恨的动物。

A. 麻雀　B. 老鼠　C. 蚂蚁

金仓鼠怎样把食物带回家?

金仓鼠以收集种子和其他植物为主，可是它们怎么把食物带回洞呢?原来，金仓鼠的颌下皮肤疏松，被称作颊囊。它们把食物装在颊囊中带回洞内，就像人们用手提袋装东西一样。

答案：1.C　2.B

15. 浣熊为什么要洗食物？

浣熊属食肉目浣熊科，生活在美洲大陆，是一种珍贵的皮毛兽。浣熊是一种很可爱的动物，它全身长着灰、黄、褐等颜色混杂的毛。脸上有黑色的斑毛，眼睛的周围有一圈黑毛，像一副眼镜，尾巴上还有五六个黑白相间的环纹。浣熊经常在树上活动，它的巢也在树上，当它受到天敌追踪时，就会躲到树梢上。到了冬天，北方的浣熊还要在树洞中冬眠。

浣熊能捕捉到水中的虾和螃蟹，因为它的前后肢都长着5个指头。浣熊最可爱的地方是它捕捉到小动物时，总是要先在水里洗洗再吃。难道它也和人类一样有清洁的概念？有人认为，这是浣熊的一种本能习性，这种习性是祖祖辈辈传下来的。也有人认为那是浣熊喜欢清洁，因此要洗掉这些小动物身上的泥土。

淘气的“强盗”

浣熊非常适应挨着人类生活，在美洲的城镇里，它们常常在夜里出来偷吃垃圾箱里废弃的食物。有时候还会闯入居民家中，擅自打开冰箱，偷吃主人的美食。因此，人们把浣熊叫作“小强盗”。浣熊虽然十分淘气，但非常可爱好玩。因而许多人都喜欢它们光临。

1. 浣熊是一种很可爱的动物，脸上有（　）色的斑毛。

A. 黄　B. 白　C. 黑

2. 浣熊属食肉目浣熊科，生活在（　）洲大陆。

A. 美　B. 亚　C. 欧

答案：1. C　2. A

16. 警方为什么把小白蛾看成反毒功臣?

蝴蝶与飞蛾同属于鳞翅目昆虫，体表颜色各异，一眼看去十分相似。但飞蛾的体形大多正面色泽暗淡，反面较鲜艳，但也有漂亮艳丽的飞蛾，有许多飞蛾本身还有一些很特殊的地方。

秘鲁有一种叫“马伦比埃”的小白蛾，它被警方看成是反毒的大功臣。这是为什么呢?原来，小白蛾幼虫的食物是一种叫古柯的植物。而毒品可卡因，就是从古柯的植物的叶子中提取精炼而成的。

一个秘鲁的反毒官员意外地发现这种叫作“马伦比埃”的小白蛾，它的幼虫在数月内就毁掉了近 30 万亩的古柯叶子，这一发现使反毒组织喜出望外。

现在有关方面就把小白蛾以人工的方式大量养殖，用飞机把它们运送到有可能种植古柯的丛林地带。不久之后，蛹就发育成小白蛾，小白蛾交尾后产下的卵变化成幼虫，成千上万的幼虫就狂吃古柯的叶子，打破了可卡因生产者的美梦。

想一想

1.(　)有一种叫“马伦比埃”的小白蛾。

A. 巴西　B. 秘鲁　C. 哥伦比亚

2. 毒品可卡因就是由这种古柯的植物的(　)提取精炼而成的。

A. 根　B. 茎　C. 叶子

大柏天蚕蛾有什么特点?

这类飞蛾的翅膀很大，足可以盖住一只盘子，是世界上最大的蛾类之一。它们的翅膀上生有褐斑，并且还有许多几乎透明的三角形的小“窗户”。大柏天蚕蛾多生活在热带雨林中，在树上产卵。

答案：1.B　2.C

17. 蒸煮过的虾和蟹为什么是红色的?

许多动物身上的颜色可以保护自己，生活在水中的虾和蟹也不例外。我们经常看到的青虾和青蟹，它们的血液其实是无色的，但由于甲壳下的真皮层中有一种叫虾青素的东西，在环境和光线的影响下扩散开后，虾和蟹看起来就略带透明的青色了。

当虾和蟹经过蒸煮后，体内的虾青素就会分解，而它们体内还有一种虾红素却不怕高温，会在整个身体中扩散并沉淀，所以虾和蟹煮熟后就会成红色的了。不过，在虾和蟹的真皮层中，虾红素的分布是不均匀的。因此虾和蟹煮熟后，并不是通体红彤彤的，虾红素分布的多少决定着颜色的分布。由于螃蟹的腹部根本没有虾红素，所以无论蒸煮多少次，永远都不可能变成红色哦!

我们去市场上买活虾时，可以利用虾身上的色素规律，识别哪种是新鲜的虾。如果虾放置时间长，头部和背部会变成浅浅的红色，那肯定就不是新鲜的虾啦。

龙虾是什么样的?

龙虾躯体粗大而雄壮，身披坚硬并且红光闪闪的“盔甲”。在它们的头胸甲和长长的第二对触角表面，长有许多粗短而吓人的尖刺。它们还有五对斑斓绚丽的长足以及同样显眼的两条直伸向前的长触角，它们迈着步足在海底爬行时，真有些像传说中的海底龙王!

1. 虾和蟹的血液是（　）的。

A. 青色　B. 无色　C. 红色

2. 煮过的青虾变成红色，是因为体内的（　）被分解。

A. 虾青素　B. 血红素　C. 虾红素

答案：1.B　2.A

18. 虾皮是虾的皮吗?

很多人都以为虾皮就是虾的皮，事实上，虾皮是一种小虾，它的真名叫毛虾，是我国沿海的特产。这种虾长得扁扁的，长 3~4 厘米，有一对红色的触角，比身体长 3 倍，肉少而皮薄，所以，把它们叫作虾皮。

毛虾是不能新鲜保存的，它只能被晒干或者煮熟晒干来保存，我们平常吃的虾酱和虾油都是用毛虾加工而成的。春季捕捞出来的毛虾可以制成虾米，但是剥落下来的残渣不可以食用，只可以用来作肥料。

磷虾的身体一般都比较透明，不会爬行，但是游泳的速度很快，由于它身上会发出点点磷光，所以叫磷虾。磷虾一般比较小，只有 1~2 厘米，生活在南极的磷虾比较大，有 4~5 厘米长。在磷虾的两个眼柄下面和胸足的基部，都有一个球形的发光器，发光器中央有能够发光的细胞。

1. 虾皮的真名是（ ）。

A. 大虾　B. 对虾　C. 毛虾

2. 毛虾的触角是（ ）色。

A. 红　B. 黄　C. 绿

龙虾

龙虾喜欢住在海底穴中，白天常潜伏在岩礁的缝隙里或珊瑚、海藻中，夜晚出来觅食，吃饱后返回穴中。它性情凶猛，杂食，最喜欢吃美味的小鱼类。它总是先隐藏起来，一旦小鱼游过，就立即扑上去，美美地饱餐一顿。

答案：1.C　2.A

19. 鳖为什么是一种营养丰富的水产品?

鳖又叫甲鱼、团鱼等，是爬行纲鳖科类动物，它身体边缘有厚实的裙边。鳖的营养价值非常高，比同类水产品和肉食品要高出许多，特别是蛋白质的含量比一般的鱼类还要高。

经过专家的分析，每 100 克鳖肉和裙边中含有蛋白质达 17 克，脂肪 1 克，碳水化合物 1.6 克，钙 107 毫克，磷 135 毫克，还有其如硫胺素、核黄素、尼可酸等人体所需的多种营养素和氨基酸。尤其以组氨酸含量最高，含有糖类，裙边中还富有角质，所以，鳖肉吃起来比较鲜美。鳖不仅可以食用，而且它的甲、血、肉、脂肪、胆、卵都可以入药，具有滋阴除热、益肾、健骨的功效。所以说鳖不仅是一种营养丰富的水产品，而且具有很高的药用价值。

鳖虽然没有乌龟那样坚硬的外壳，但是它有一副利牙。人们说，

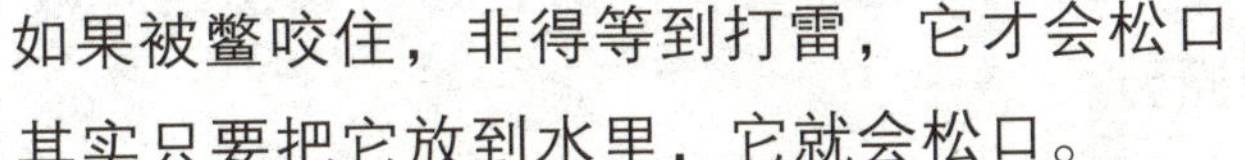

如果被鳖咬住，非得等到打雷，它才会松口，其实只要把它放到水里，它就会松口。

1. 鳖又叫甲鱼、团鱼等，是爬行纲鳖科类动物，身体边缘(　　)厚实的裙边。

A. 有　B. 没有　C. 有的有，有的没有

2. 鳖(　　)含量比一般的鱼类还要高。

A. 碳水化合物　B. 脂肪　C. 蛋白质

雌海龟是最不称职的母亲吗?

雌海龟通常将卵埋在沙滩上或者泥土中的洞穴里，经过 49~60 天，幼海龟便会用吻端一个角质敲破卵壳出世。幼海龟一经孵化，便能独立生活。但是只有少数的幼海龟能顺利长到成年，它们在通往海洋的路上很多成为螃蟹、海鸟等天敌的食物。

答案：1.A　2.C

20. 乌龟可以万年长寿吗？

乌龟的四肢和头部的骨头特别软，当它紧张或遇到危险时，它的头和四肢都会缩到坚硬的壳里，把自己保护起来，同时，乌龟身上有很好的保护色。

乌龟应该是世界上最长寿的动物了，科学家认为这与它们性情懒惰、行动缓慢、新陈代谢水平低有关。龟的心脏机能很特别，从活的龟体内取出的心脏有的竟然可以连续跳动两天。另外，龟长寿无疑还与它们的生理机能密切相关。

根据动物学家和养龟专家的观察和研究，发现以植物为生的龟类的寿命，一般要比吃肉和杂食的龟类的寿命来得长。龟的长寿与它的呼吸方式也有关系。龟没有肋间肌，呼吸时必须用口腔下方一上一下地运动才能将空气吸入口腔，并压送至肺部。在呼吸的同时，头、足一伸一缩，肺也就一张一吸，这种特殊的呼吸动作，也是龟得以长寿的原因。

乌龟在中国的传统文化中象征着长寿，难道乌龟真能长寿到活上千年、上万年吗？其实不然，一般寿命最长的龟大概可以活到300岁。

1. 乌龟一般可以活到（　）岁。

A. 300　B. 200　C. 100

2. 乌龟遇到危险时，会把头（　）。

A. 藏到沙子里

B. 钻到水里

C. 缩到硬壳里

最美丽的海龟是什么？

最美丽的海龟要数玳瑁了，玳瑁的背甲十分美丽，呈棕红色而且有黄色花斑，盾片都呈覆瓦状排列，背甲在日光下闪现湖泊样光辉，瑰丽可爱。它们生活在热带和亚热带海洋，经常出没于珊瑚礁中。

答案：1.A 2.C

21. 鳄鱼为什么会流眼泪?

鳄鱼其实并不是鱼，而是既可以在水里生活又可以在陆地生活的两栖类动物。鳄鱼吃水中的昆虫、甲壳类、鱼类、蛙类、蛇类，有时也吃小兽类。非常让人不解的是，鳄鱼在吃小动物的时候，眼睛里会流出液体。其实这种液体不是眼泪，而是鳄鱼在利用泪腺排出多余的盐分，使身体内的盐分达到均衡。由于它的泪腺长在眼睛的周围，人们就以为它在流泪，所以人们常常用鳄鱼的眼泪来形容假慈悲。

鳄鱼多数分布在热带地区，独有扬子鳄生活在我国。扬子鳄一般以鱼、虾、蚌、蛙和小鸟等为食。鳄鱼在陆地上爬行的时候，能够睁着眼睛寻找食物；当鳄鱼潜入水中的时候，同样也是睁着眼睛寻找食物。原来鳄鱼除了有上下眼皮以外，还有透明的“第三眼皮”。当它在陆地爬行的时候，这个眼皮就自动收上去，当进入水中的时候就把这个眼皮放下来。

为什么鳄鱼要定期换牙?

鳄鱼的牙齿是它的“武器”，保持牙齿的锋利对鳄鱼很重要。许多动物的牙齿在长成后不会更换，终其一生。而鳄鱼却不同，它们的旧牙会定期脱落长出新牙。小牙在老牙下方发育，到长成的时候，就把老牙挤出去，成为新牙。

1. 鳄鱼是（　）类动物。

A. 爬行　B. 两栖　C. 鸟

2. 鳄鱼（　）鱼。

A. 是　B. 不是　C. 不一定

答案：1.B　2.B

22. 鱼在冰冷的水里为什么不怕冷？

鱼是变温动物，它的体温随着周围环境温度的变化而变化。夏天水温升高时，鱼的体温会随着水温升高冬天时体温也随着水温降下来，所以它们感觉不到冷。

但是据鱼类生理学的研究结果表明，一般鱼类在 -1℃就冻成“冰棒”，无法生存了，但是我们冬天所见的河水结冰只是在水的表面，冰层下面的水温一般在 4℃左右，所以鱼不会冻成“冰棒”。

世界上最不怕冷的鱼，是南极的鳕鱼。南极鳕鱼生活在南大洋比较寒冷的海域，它体长 40 厘米左右，体形短粗，呈银灰色，略带黑褐色斑点，头大，嘴圆，唇厚，血液为灰白色，没有血红蛋白。但它的血液中有一种特殊的生物化学物质，叫抗冻蛋白，就是这种抗冻蛋白的作用，能够让它冻而不僵。

1. 鱼是（　）动物，体温随着周围环境温度的变化而变化。

A. 恒温　B. 变温　C. 高温

2. 南极鳕鱼的血液里有（　），使它可在生活在寒冷的海水里。

A. 防冻血清　B. 抗寒素　C. 冻蛋白

为什么鱼有淡水鱼、海水鱼之分？

生活在海水中的鱼，腮片中长有一种海水淡化装置，它由“泌氯细胞”组成，能起到淡化海水的作用。另外，海鱼的表皮膜、内腔膜和口腔膜等都是一种半渗透膜，这些膜就会淡化海水，仅留下淡水留在体内。而淡水鱼却没有这些本领。

答案：1.B 2.C

23. 为什么鱼死了肚皮就会朝天？

在大多数鱼的身体内都有一种调节身体比重的器官，那就是鳔。鱼鳔的作用是通过增减贮存的气体量，使鱼停在不同的水层里。我们平时都见过不会游泳的动物到了水中会沉底，可是鱼一动不动时，也能稳稳当当地停留在某一水层，不会沉下去，这就是鱼鳔的作用。鱼鳔内气体的量是可以调节的。若要减少气体量，鳔内的气体就会通过鳔管、食管从口腔放出，或被流经鳔的血液吸收带走；若要增加气体量，流经鳔的血液就放出氧，补充到鳔内。同时，鳔可以在不同的深度放气或者吸气来调节身体比重，让自己和周围的水的比重一样，因此鱼可以轻松地停留在水中。

鱼死掉以后，鳔充满气体，失去调节能力，身体比重减轻。鳞脊部大都是脊椎骨和肌肉较多的地方，比重较大，而腹部则多为内部器官，空腔大，比重小，因此鱼死掉后，比重小的腹部就大多朝上了。

鱼鳍的作用

大多数鱼都是通过向两边摇摆身体，靠肌肉收缩产生向前的冲力来游动，鱼鳍能使鱼游动时在水中保持直线并稳定方向。每个鱼鳍都有特定的用途，成对的胸鳍和腹鳍控制鱼的俯仰角度，成单的背鳍和臀鳍能够使鱼的身体保持直立，尾鳍则更像船中的舵。

答案：1. A 2. A

1. 鱼的身体腹部比背部（　）。

A. 轻　B. 重

2. 鱼在水里靠（　）调节身体比重。

A. 鱼鳔　B. 鱼鳞　C. 鱼鳍

24. 小蝌蚪是怎样变成青蛙的？

青蛙小的时候叫蝌蚪，长大之后才叫青蛙。那么，从小蝌蚪到青蛙，它经历了怎样的变化呢？众所周知，青蛙是两栖类动物，它既能在水里生活，又能到陆地上生活。

青蛙的卵一般产在水里，经过 4～5 天之后，小蝌蚪就孵出来了。小蝌蚪很像鱼，有一条长长的尾巴，在水里游来游去；紧接着就慢慢地长出后腿，然后再长出前腿，尾巴也随着逐渐变短；当它的尾巴消失的时候，就彻底变成了幼蛙，幼蛙长大以后就是青蛙了。小蝌蚪是用鳃呼吸的，青蛙是用肺呼吸的。从小蝌蚪到幼蛙大概需要 2 个月，从幼蛙到青蛙大约需要 3 年。

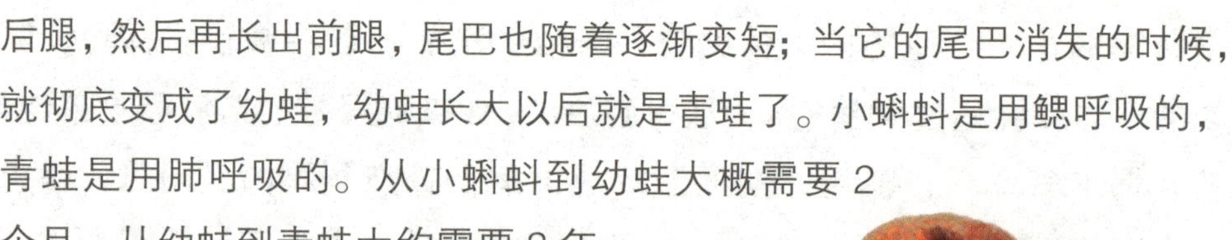

世界上最大的蛙是非洲喀麦隆的巨蛙，它的身体有 30 厘米长。世界上最小的蛙是生活在古巴的矮蛙，整个身子不过 1 厘米，大概和人的小指甲盖一样大小。

想一想

1. 青蛙是（ ）类动物。

A. 节肢 B. 两栖 C. 爬行

2. 青蛙是用（ ）呼吸的。

A. 口 B. 鳃 C. 肺

为什么说角蛙是蛙中的“魔鬼”？

角蛙头部有角状突起，外形狰狞可怕，性情粗暴，具有攻击性，它是蛙中的“魔鬼”，许多性情温和的蛙通常是它们的口中之食。角蛙天生一张大嘴巴，甚至连老鼠也能整只吞下。对它们来说，三两口将同类吞进肚中是极为轻而易举的事。

答案：1.B 2.C

25. 青蛙如何捉害虫?

青蛙喜欢生活在潮湿的地方，因为那里害虫最多。青蛙的舌头前端是固定的，后端能自由翻转。当昆虫在青蛙身边活动时，青蛙就会迅速跳起来，把舌头翻出来，依靠舌头上分泌出来的黏液，把虫子粘住，然后舌头返回口腔，把食物吞入口中。如果昆虫正飞向它时，它会静止不动，等昆虫飞近时再翻出舌头把虫子吃掉。

但是，如果青蛙旁边躺着一只死虫子，青蛙却不会去吃的，这是为什么呢?

原来青蛙的眼球不会调节，它对活的东西敏感，但对不动的东西却很难发觉，所以即使它在青蛙面前，青蛙也发觉不了，更别说去吃了。

青蛙是捕捉害虫的高手，是绿色田园的卫士。它每天捕食大量的蚊子、苍蝇和危害农作物的金花虫、螟虫、蝼蛄等，据统计，每只青蛙一年可以消灭1万多只害虫。所以，我们要保护青蛙，把它当成我们的好朋友。

为什么青蛙吞食时要眨眼?

青蛙捕捉到食物后未经咀嚼就吞下去，因此在喉咙口就很难下咽，需要有一个向里推的力量才能将食物咽下，而青蛙的眨眼就是这样一种力量。因为当青蛙的眼肌收缩时，眼球能稍向口腔突起，产生压力使口腔中的食物下咽。因此，青蛙吞食时要眨眼。

答案：1. A　2. A

1. (　) 是捕捉害虫的高手，是绿色田园的卫士。

A. 青蛙　B. 蛇　C. 蟾蜍

2. 青蛙舌头的 (　) 端是固定的。

A. 前　B. 中　C. 后

26. 动物的尾巴为什么不一样?

目前世界上生存着的 150 多万种动物，除了猿和蛙等少数动物的尾巴已经退化外，绝大多数动物都有尾巴，这些尾巴有不同外观，也有各自的妙用。

鱼类的尾巴好像它的舵，不仅可以控制方向，还是它前进的动力，相当于一台推动器。澳大利亚的袋鼠有一条粗壮有力的大尾巴，长达 1.3 米，可以当它的“第三条腿”，跳跃的时候，尾巴用来平衡身体。卷尾猴的尾巴很长，还有出色的缠绕能力，可以做出各种动作，比如攀登、爬树，甚至可以倒挂身子睡觉。壁虎和蜥蜴在情况危急的时候，会把尾巴留下来迷惑敌人，自己则逃之夭夭了。而老虎的尾巴用处更大了，那可是它的武器，能使许多动物丧命。黄占鹿的尾巴是用来相互通风报信的，是“信号尾巴”，有人把它叫作动物的“信号旗”。这是为了便于在奔跑中互相联络，不致迷失方向。而仓皇溃逃的犬类动物通常夹起尾巴，这是失败服输的表示。

1.（　）有一条粗壮有力的大尾巴，可以当它的“第三条腿”。

A. 老虎　B. 鱼类　C. 袋鼠

2.（　）的尾巴是武器。

A. 老虎　B 鱼类　C. 袋鼠

响尾蛇的尾巴为什么会响？

响尾蛇每蜕一次皮，尾部不脱落的部分就会角质化，出现一个角质环，这些角质环增多以后，就形成了一个内部中空的空腔，当响尾蛇摇动尾巴时，空腔内的空气发生震荡相互撞击，于是就有声音产生。

答案：1.C 2.A

27. 动物鼻子有哪些用处？

所有动物的鼻子都有着共同的作用，它不仅是呼吸道的一部分，也是闻气味的嗅觉器官。但各种动物鼻子的不同之处就需要一一而论了。

一般来说，嗅觉灵敏的动物，鼻子往往长而突出，鼻孔大而湿润，鼻腔内布满嗅觉细胞。美洲巨型食蚁兽的鼻子仅次于大象，它善于在土堆瓦砾中寻找蚂蚁；狗能辨别出 1000 多种物质的气味；鲨鱼的鼻子可以在夜间闻到几千米外的血腥。野猪的鼻子坚韧有力，可以用来挖掘洞穴或推动 40~50 千克的重物，或当作武器来抵御外敌侵入，另外它的嗅觉特别灵敏，就连食物的生熟都可以用鼻子分辨出来！

鼻子结构不同，功能也不同。大象的鼻子可以随意收缩，是战斗的武器；水牛的鼻子可以排汗，有散热调温的功能；蝙蝠的鼻子可以发出声波，就像雷达一样。

想一想

1. 鼻子不仅是呼吸道的一部分，还是（　）器官。

A. 味觉　B. 嗅觉　C. 触觉

2. 一般来说，嗅觉灵敏的动物，鼻子往往（　）而（　）。

A. 短　平坦　B. 长　突出

为什么大食蚁兽的“嘴”是管状的？

大食蚁兽最突出的特征是有着一个长管状的“嘴”。原来，大食蚁兽主要以食蚁为生，管状的“嘴”有利于它深入蚁穴取得食物。另外，大食蚁兽的舌头也很特别：它在一分钟内吞吐可达 160 次，一天可以吞下大约 3 万只蚂蚁。

答案：1.B　2.B

28. 在什么时候青蛙叫得最欢?

春夏之交，阴雨连绵，池塘里的青蛙呱呱地叫个不停。这是因为下雨之后，空气中的水汽变多，青蛙的皮肤里水分增大，它们感到快活就大声叫起来；同时这个时候正是青蛙的繁殖季节，雄青蛙使劲叫以吸引异性前来交配。当青蛙遇到危险时，也会发出急促的叫声。为什么青蛙能叫那么大声呢？原来青蛙和人一样，声带在喉室里，而且雄性青蛙的咽喉两侧还有外声囊，因此它的叫声就更大。

人类男子立定跳远的纪录约为平均身高的两倍，然而一只普通的牛蛙却能跳越它身长9倍的距离。青蛙在起跳的瞬间，它的前腿就沿着身体两侧卷起，还把眼睛闭上，并将整个眼部缩进头部，这样，青蛙在跳跃的时候身体形状就成为流线型，不会有暴露突出部分，既能减少空气阻力，加快了速度，又不会因为摩擦而使自己受伤。

1.（　）青蛙的咽喉两侧还有外声囊，它的叫声更大。

A. 异性　B. 雄性　C. 雌性

2.（　）是青蛙的繁殖季节。

A. 春天　B. 夏天　C. 春夏之交

树蛙的保护色

树蛙可以根据身处环境的变化来改变身体的颜色。春夏季节，树蛙的体色鲜嫩翠绿，与周围的树木浑然一体。而秋季来临，它们就会逐渐变成与树干、枯枝、落叶一样的黄褐色。这就是树蛙在长期的进化过程中，为了生存而演化成的自我保护色。

答案：1.B 2.C

29. 为什么长颈鹿的脖子特别长?

长颈鹿是世界上最高的陆上动物，有人曾测量过一头比较高的长颈鹿，竟高达6米。

长颈鹿的祖先并不高，它们主要生长在非洲东部，靠吃草为生。后来，由于自然条件发生变化，地上的草变得稀少，为了能吃到高高的合欢树树梢上的嫩叶，它们须尽力伸长自己的脖子，因为脖子的长短对它们来说是生死攸关的条件。这样经过一代又一代，脖子短的长颈鹿因缺少食物而被淘汰，存活下来的就都是长脖子的长颈鹿了。

长颈鹿的脖子在生存中除了警戒放哨、了解敌情和寻求食物外，还是必不可少的散热塔。由于它的脖子散热作用好，才能更好地适应热带森林的气候条件。而且长颈鹿在跑步时脑袋被长脖子置于前方，借以向前推移它的重心，这样脖子又起到了增加动力的作用。

想一想

1.（　）是世界上最高的陆上动物。

A. 骆驼　B. 大象　C. 长颈鹿

2. 长颈鹿的脖子除了放哨和寻找食物外，还是一个（　）。

A. 保暖炉

B. 散热塔

C. 储水器

长颈鹿惊人的血压!

长颈鹿的平均身高约为5米，当其高高竖起颈部时，它的头部比心脏高出约2.5米。为了将血液输送到大脑中，它们就需要一个很高的血压，所以长颈鹿的血压要比人类的正常血压高两倍。如果把这样高的血压放到其他动物身上，这只动物肯定会因脑出血而死去。

答案：1.C　2.B

30. 麋鹿为什么又叫“四不像”？

“四不像”学名叫麋鹿，它的身体和尾巴像驴子，但没有驴子的大；脚蹄像牛，但没有牛的壮；头颈像骆驼，但没有骆驼的长；头上的角像鹿，但没有鹿的眉杈。因此它被称作“四不像”。

麋鹿的颈和背比较粗壮，四肢粗大。主蹄宽大能分开，趾间有皮腱膜，侧蹄发达，适宜在沼泽地里行走。麋鹿的尾巴较长，是鹿科动物中最长的，末端长有丛毛。雌鹿有角，角枝形态十分特殊。

麋鹿不但在陆地上善于奔跑，而且游泳能力很强，它横渡长江易如反掌，堪称两栖动物。它的原产地是中国。1900 年，八国联军入侵北京时，杀死了很多麋鹿，几乎导致麋鹿绝种。1956 年，英国伦敦动物学会赠送我国 4 只麋鹿。目前，我国的麋鹿已多达 1500 余只。

1.（　）的学名叫麋鹿。

A. 像四物

B. 四像

C. 四不像

2. 麋鹿的原产地在（　）。

A. 中国　B. 美国　C. 非洲

麋鹿不凡的经历

18 世纪中国野生麋鹿种群已经灭绝，仅在北京南苑养着专供皇家狩猎的鹿群，后被八国联军洗劫一空，盗运国外。1985 年以来，中国分批从国外引回 80 多只，饲养于北京南苑和江苏大丰县，在江苏大丰县已建立了麋鹿自然保护区。

答案：1.C　2.A

31. 为什么麝是最香的动物?

大家都知道麝香是高级的香料，你知道麝香是怎么来的吗?

麝又称为香獐子，它的体形很像鹿，但头上没有角。鹿科动物中，它的体形最小，也是最原始的。

麝身上有胆囊，而鹿科的其他动物却没有。雄麝长着 7 厘米长的獠牙，这在鹿科动物中更显得与众不同。在雄麝的脐下长着一个奇妙的腺囊，从中可以分泌出一种具有浓烈香味的液体。这种液体不但芳香异常，而且可以长时间保持香味不散，即使在几千米外都能闻到，它就是我们所说的麝香液体。

分泌麝香是麝的一种求偶方式。平时，麝是分居的，到了初冬时节，雄麝分泌的麝香就会增多，雌麝闻到香味后，会很快找到雄麝约会成亲。

麝香不但是高级香料，也是一种名贵的药材，可以抗菌消炎、镇心安神和解毒。

1. 麝的体形很像（　）。

A. 鹿　B. 羊　C. 驴

2.（　）的脐下有一个可以分泌麝香的腺囊。

A. 雌麝　B. 雄麝　C. 麝

最珍贵的鹿是什么?

黑麂是被国际上公认为最珍贵的鹿类。目前野生的黑麂有两个分布中心，一个是在安徽南部，另一个在浙江西部，总数仅有 5000~6000 只。现在已经在这两个中心区建立了清凉峰、古牛降、九龙山、凤阳山等自然保护区。

答案：1. A　2. B

32. 蛤、蚌里为什么会长珍珠?

海里的蛤、蚌是珍珠诞生的摇篮，但是并不是所有的蛤、蚌里面都有珍珠，只有寄生虫寄生或有外物侵入体内的蛤、蚌，才会产生珍珠。蛤和蚌体外都有两片硬壳，两片硬壳的内壁上都长着一片柔软的膜。这两片膜像外套一样包裹着蛤、蚌柔软的身体，所以叫外套膜，贝壳就是由外套膜所分泌的物质形成的。当寄生虫钻进蛤、蚌坚硬的贝壳内时，蛤、蚌为了保护自己，它的外套膜就快速分泌珍珠质，将这个寄生虫包住，时间久了，就形成了珍珠。

有时候，一些沙子掉进蛤、蚌里面，蛤、蚌无法将它们排出去，受了刺激的外套膜分泌出珍珠质来逐层包住它们，久而久之，也能形成珍珠。珍珠贝或蚌的贝壳的最里层闪烁着珍珠般的光彩，是最美丽最富有光泽的珍珠层，它就是由外套膜分泌的珍珠质构成的。人们知道了珍珠的形成原理以后，就可以进行人工培植珍珠了。

1. 只有寄生虫寄生或有外物侵入体内的蛤、蚌，才会产生（　）。

A. 金子　B. 珍珠　C. 玛瑙

2. 当寄生虫钻进蛤、蚌坚硬的贝壳内的时候，蛤、蚌为了保护自己，它的（　）就快速分泌珍珠质，将这个寄生虫包住。

A. 内膜　B. 外膜　C. 外套膜

扇贝的身体结构

扇贝是一种广泛分布于世界各个海域的贝壳，以热带海洋中的种类最为丰富。它的身体由三个主体组成：中间主体，被称为内脏囊，被石灰质的贝壳所覆盖；从内脏隆起伸出感觉和摄食的部分是头部；与运动相关的部分是肉足。

答案：1.B 2.C

33. 为什么金鱼睁着眼睛睡觉?

金鱼是由野生的鱼类培养出来的，它的祖先是鲫鱼。在古代，有人看见长得比较好看的鱼类，就把它单独养起来，经过一代又一代的培育和选择，就有了最早的金鱼。鱼类是有眼睛的，特别是可爱的金鱼，它那鼓鼓的大眼睛非常漂亮。养过金鱼的人都会发现，金鱼的眼睛从来都没有闭上过，那么，金鱼从来都不睡觉吗?

其实，动物和人类一样，都是需要睡觉的，金鱼也不例外。由于金鱼的眼睛外面没有眼睑，也就是我们通常所说的眼皮，所以，它就无法闭上眼睛了。不光是金鱼，所有的鱼类都是没有眼睑的。当你发现金鱼卧在水底一动不动的时候，它或许就是睡着了。在鱼儿睡着的时候，只有它的腮盖一闭一合。金鱼有各种各样的睡觉方法，如果你在夜晚发现，金鱼躲到鱼缸内的小假山、水草里等暗处一动不动了，这就说明金鱼已经睡觉了。

1. 金鱼的祖先是（　）。

A. 章鱼　B. 甲鱼　C. 鲫鱼

2. 金鱼（　）眼睑。

A. 有的有，有的没有

B. 没有

C. 有

为什么鱼要长鳞?

鱼的身体很柔软，鱼鳞其实是鱼皮肤的一部分。如果没有鱼鳞，水会不断地渗入淡水鱼的体内，而海水鱼身体内的水分又会跑出来，鱼就活不下去了。刮掉鱼鳞，就等于剥掉了鱼的皮肤，鱼就会死掉。

答案：1.C 2.B

34. 为什么斑马身上长着黑白相间的条纹？

斑马喜欢群居，生活在非洲草原上，分为白氏斑马、北非斑马和普通斑马三种，它们身上都有美丽的黑白条纹，出现这些条纹是在长期的自然环境中适应生存的结果。

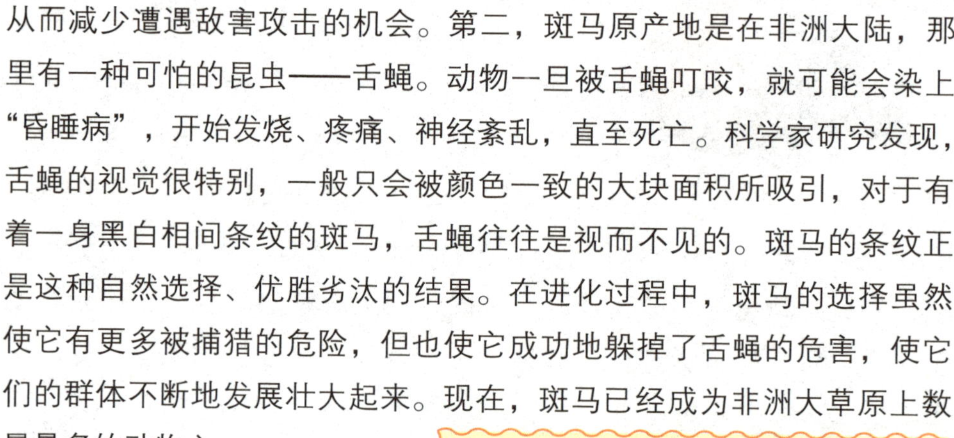

条纹主要有两种作用：第一，条纹有保护作用。斑马常在灌木丛中走动停留，条纹隐于灌木中不易被发现，从而减少遭遇敌害攻击的机会。第二，斑马原产地是在非洲大陆，那里有一种可怕的昆虫——舌蝇。动物一旦被舌蝇叮咬，就可能会染上“昏睡病”，开始发烧、疼痛、神经紊乱，直至死亡。科学家研究发现，舌蝇的视觉很特别，一般只会被颜色一致的大块面积所吸引，对于有着一身黑白相间条纹的斑马，舌蝇往往是视而不见的。斑马的条纹正是这种自然选择、优胜劣汰的结果。在进化过程中，斑马的选择虽然使它有更多被捕猎的危险，但也使它成功地躲掉了舌蝇的危害，使它们的群体不断地发展壮大起来。现在，斑马已经成为非洲大草原上数量最多的动物之一。

想一想

1. 斑马的原产地是（　）大陆。

A. 亚洲　B. 南美洲　C. 非洲

2.（　）的视觉特点是只看到大面积的颜色，所以它对斑马身上黑白条纹视而不见。

A. 舌蝇　B. 苍蝇　C. 蚊子

为什么斑马会自己挖井？

水对斑马十分重要，在缺水的地方，斑马会自己挖井找水。在所有动物中，斑马找水的本领最高明。它们靠着天生的本领，找到干涸的河床或可能有水的地方，然后用蹄子挖土，有时竟可以挖出深达1米的水井，当然，这些水井也使别的动物跟着受益。

答案：1.C　2.A

35. 为什么驴喜欢在地上打滚？

驴和马、牛、羊一样，都是人类的好朋友、好帮手。虽然它没有马和牛的力气大，但是，由于马对饲料和水的要求比较高，而牛的食量则比较大，相比之下，驴就比较合适喂养了。驴也是运输、犁地等农活的好手，而且驴还为人们提供了鲜美的驴肉，“天上龙肉，地下驴肉”就是对它的赞美，驴皮也是一种比较好的皮毛。

驴之所以经常在地上打滚，是因为身上有寄生虫，使它奇痒难受。为了去掉身上的寄生虫，当驴子在休息时，就经常在地上打滚。一来可去掉身上皮毛里的寄生虫，蹭一下痒痒；二来一天劳累以后，在地上打打滚可舒筋、活血、解乏，是恢复体力的好方法。所以，驴子非常喜欢在地上打滚。

马和驴是骡子真正的爸爸妈妈。骡子虽然有比较完整的生殖系统，却不能提供成熟的精子，而母骡子也由于没有黄体酮不能提供成熟的卵子，所以骡子就不能生宝宝了。

想一想

1. 相对来说，（　）对饲料和水的要求比较高。

A. 牛　B. 马　C. 驴

2. 骡子（　）生宝宝。

A. 不能　B. 能

喝驴奶有什么好处？

驴奶的营养成分比例几乎占人奶所含成分的99%，富含功能性乳清蛋白和不饱和脂肪酸，可使人保持充沛的体力，具有延寿、增强抵抗力、免疫力、保肝护胃等独特的功能作用，还可以对肺结核、气喘、胃炎等起到一定的辅助疗效。

答案：1. B　2. A

36. 为什么鸡爱吃小石子？

当鸡吃完了食物后，会到室外或田野里找一些小虫子吃，有时候还会在没有草的地方吃一些小石子、砂粒或者煤灰。为什么它吃饱以后还要吃这些东西呢？

原来，鸡吃小石子不是为了填饱肚子，而是想用这些东西来帮助消化食物。鸡没有牙齿，不能像人一样把食物嚼碎后再吞下，所以肚子里的米粒、谷子没办法消化，鸡只好用比米粒更硬的小砂粒来磨碎食物，帮助消化。

鸡吃的食物先在嗉囊和腺胃里停留一段时间，经过消化液的作用，变成糊状，然后进入鸡肫。鸡肫的肌肉厚而坚韧，砂粒都藏在这里，糊状的食物与砂粒混合在一起，经过鸡肫的反复蠕动，食物就被砂粒的棱角摩擦成细软的碎糊了。这样，食物才能被鸡的身体吸收，变成各种营养物质。

为什么小鸡刚出壳就会走路、吃东西？

鸡的祖先——野鸡生活在大森林里，由于不会飞，它们一般在地面上搭窝。当遇到野兽袭击时，很不安全。这样的生存条件迫使小鸡刚出生就必须掌握行走和寻找食物的本领。如果遇到袭击，小鸡和父母跑散了，它们也可以独立生活。

1. 鸡吃的砂粒藏在（　）里。

A. 鸡胃　B. 鸡肠　C. 鸡肫

2. 鸡吃的食物在腺胃里，经过（　）的作用变成较软的糊状。

A. 唾液　B. 消化液　C. 消化酶

答案：1.C　2.B

37. 为什么鸭子冬天在河里游泳不怕冷?

只要河面不结冰，鸭子一年四季都会在水中快乐地追逐嬉戏，时而发出“嘎嘎”的欢叫声。那么，鸭子为什么在冬天的河水中不觉得冷呢?

原来，冬天河水的温度比岸上要略高一些，再加上鸭子在水中不停地游动，也使它的体温增高，起到抗寒的作用。还有一个重要的原因就是它的身体结构特征，鸭子小腿和脚掌的骨髓凝固点很低，即使长期处于冰水中，脚上的血液也是流通着的。它体内的许多地方及内脏周围有很多脂肪，尾部有一对很发达的尾脂腺，能分泌油脂。我们有时候看到鸭子用它扁阔的嘴啄尾部，那是它在吸油脂，然后把油脂涂抹到全身的羽毛上防寒呢。这样做还可以使羽毛不易透水，现在知道为什么只有“落汤鸡”而没有“落汤鸭”的说法了吧?

1. 鸭子（　）变成“落汤鸭”。

A. 会　B. 不会

2. 鸭子的（　）可以分泌油脂。

A. 嘴　B. 腹部　C. 尾部

为什么一群鸭子走路总喜欢排成队?

小鸭子孵化出壳以后，它们第一眼看到会动的东西，通常是它们的妈妈。以后的日子里，它们就排成一队时时跟着妈妈，跟妈妈学习游泳和觅食，这样，我们看到的鸭子就是排成队的了。

答案：1.B 2.C

38. 猫为什么喜欢吃鱼和老鼠?

鱼和老鼠都是猫喜欢吃的食物，特别是老鼠，更是猫的美餐。那么，猫为什么要吃老鼠呢?

原来，猫和猫头鹰一样，都是喜欢夜间活动的动物，因此它们的夜间视力就非常重要。为了保证有良好的视力，体内必须补充足够的牛黄酸。这是提高夜间视力的必备物质。

如果牛黄酸得不到及时的补充，猫的夜间视力就会降低。而鱼类和老鼠的体内正好含有大量的牛黄酸，所以，猫就把它们当作自己的食物了。况且猫属于小型的猫科动物，在夜间活动频繁，老鼠也主要在夜间活动并且个头比较小，它也就注定成为猫的捕捉对象了。

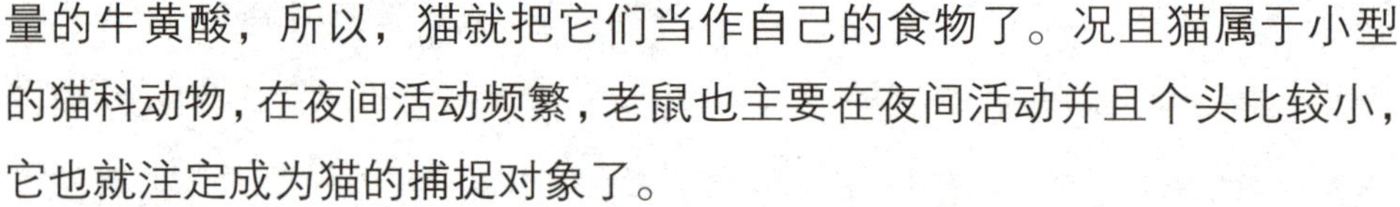

由于老鼠喜欢在夜间活动，而猫眼的特殊构造也为它捕捉老鼠提供了天然的条件。猫眼能根据光线强弱而发生变化。清晨猫眼像枣核；中午光线强，猫眼的瞳孔缩小成缝；到了晚上，瞳孔扩散到最大限度，尽量接受光线，使它能见到黑暗处的物体。

波斯猫起源于西亚吗?

关于波斯猫的起源，现在较统一的说法是在阿富汗土著长毛猫的基础上，同土耳其或亚美尼亚地区的安哥拉猫杂交培育而成。波斯猫历史悠久，大约16世纪就经法国传入英国，其个性为：温文尔雅，聪明敏捷，善解人意，少动好静，叫声尖细柔美，爱撒娇。

想一想

1. 猫最喜欢吃鱼和（　）。

A. 猫头鹰　B. 虫　C. 老鼠

2. （　）是猫提高夜间视力的必备物质。

A. 牛黄酸　B. 胃酸　C. 蛋白质

答案：1.C　2.A

39. 为什么动物冬眠不会被饿死？

冬天来临的时候，青蛙、蛇、松鼠等动物就开始冬眠了，它们在冬眠的时候几个月不吃东西却饿不死。这是因为它们在冬眠以前就准备妥当了。这些准备冬眠的动物把自己吃得胖胖的，在体内积累营养物质，特别是脂肪，它们一般都是从秋天开始准备，有的动物从夏季就开始做准备工作了。

尽管如此，动物们在冬眠期间，伏在窝里不吃也不动，只是偶尔伸展一下四肢。这样呼吸的次数减少了，体温降低了，血液循环也就减慢了，新陈代谢非常微弱，所消耗的能量就相对减少了。等到体内的营养物质接近尾声的时候，冬眠期也结束了。春天来到的时候，醒来的动物就开始到处大量地寻找食物，补充营养。

蜜蜂也冬眠吗？

当气温在 7 ℃ ~ 9 ℃时，蜜蜂翅和足就停止了活动，但轻轻触动它时，它的翅和足还能微微抖动；当气温下降到 4 ℃ ~ 6 ℃时，再触动它却没有丝毫反应，显然它已进入了深沉的麻痹状态；当气温下降到 0.5 ℃时，它则进入更深沉的睡眠状态。由此可见，冬眠时神经的麻痹深度是与温度有密切关系。

1. 动物在冬眠以前，在体内积累的营养物质中主要是（　）。

A. 维生素　B. 蛋白质　C. 脂肪

2. 有的动物从（　）季就开始做准备工作。

A. 春　B. 夏　C. 秋

答案：1. C　2. B

40. 鱼也有耳朵吗?

鱼和其他动物一样，也是有耳朵的，只是人们没有注意到。鱼的耳朵在两眼后面的头骨里，只有打开头骨才能看到。

鱼的耳朵是由鳔、听小骨和内耳组成的，因此，鱼的听觉非常灵敏。它们的耳朵与鳔相连，水中的声音使鳔壁振动，就像声音穿过空气使鼓膜振动一样，这种振动通常沿着与鳔相连的一串小骨头传到耳朵里。但有些鱼不是靠小骨头传送振动，而是靠从鳔延伸出的管状器官来听到声音的。

英国鱼类学家克利多尔博士在进行研究时发现，当投放饵料时，摇铃声一响，就会有不少虹鳟鱼云集而来，等待喂食，这说明了鱼的耳朵非常灵敏。

一般来说，人耳的听觉范围是每秒 16 ~ 20 000 次振动的音波，而多数鱼耳所能感受到的，是每秒 340 ~ 690 次的音波。此外，鱼耳还有维持身体平衡的功能。

1. 鱼的耳朵在两眼后面的（　）里，一般人们注意不到。

A. 刺　B. 头骨　C. 鳞甲

2. 鱼的耳朵除了听声音，还可以（　）。

A. 发出声音　B. 平衡身体

C. 喝水

鱼鹰怎样捕鱼?

鱼鹰是鸬鹚的别名，它们善于游泳和潜水，常立于水中枯枝、岩石等处寻觅、窥探猎物，一旦发现，立即潜入水中捕食，然后将鱼带到水面，吞进宽大的咽喉。它们有时也会和其他鸬鹚、鹈鹕一样围捕鱼类，渔民就利用它这一特性，驯养鸬鹚捕鱼。

答案：1.B　2.B

41. 树懒为什么以“懒”而闻名于世？

树懒生活在南美洲的密林中，它以“懒”而闻名于世。树懒在地球上已经生活了很多年了，它们几乎所有的时间都把自己挂在树梢上，一动也不动，睡觉、摄食、产子都在树上不肯下来，有的甚至死后还挂在树上，真可谓懒到家了。

树懒不能行走，只能用爪费力地爬行，因此它们很少下地，通常只是在排泄时才到地面上来，而这个机会也很少，一个月只有一两次。树懒行动迟缓，又无有效的防备武器，倒挂在热带雨林里真是危机四伏。树懒的体毛本来是褐色，由于它不愿意活动，藻类和地衣被风吹到了身上，在它那潮湿而有营养的毛上生长了起来，最后全身变成了绿色，很难被发现，从而成了天然的伪装，使它们藏身于热带雨林的绿色枝叶中而不易被天敌发现。

1. 树懒生活在（　）洲的密林中，它以“懒”而闻名于世。

A. 北美　B. 南美　C. 非

2. 除非是为了（　），树懒很少从树上下来。

A. 排泄　B. 摄食　C. 产仔

只有树懒很懒吗？

在热带和亚热带的密林里，有一种蜂猴也是以“懒”出名的，人们看见它的懒劲儿，就叫它“懒猴”。有人曾见到一只懒猴被豹子咬了一口，它只是不慌不忙地慢慢转过头来发出嗡嗡的叫声，以示抗议，却还是待在那里没有动弹，真是让人发笑。

答案：1.B 2.A

42. 为什么狼总是在夜里嚎叫？

电视里常出现这样一些镜头，当主人公夜间走在树林里时，经常能听到狼的叫声。为什么白天听不到呢？因为狼是夜间行动的动物，每天傍晚，饥饿的狼往往成群结队地出来觅食，边走边发出低声嚎叫，这是它在发出信号，召集其他狼一起去觅食呢。

狼是食肉动物，吃野兔、野鼠、田鼠等食草动物，在我们看来，狼面目可憎，残忍凶暴，甚至会伤害人畜，但是我们不能把它灭绝，因为它可以抑制那些食草动物的过度繁殖，有利于维护生态平衡。

狼在不同的情况下会发出不同的叫声。在繁殖期，狼会发出嚎叫声来寻找配偶；在抚幼期，母狼会发出嚎叫，呼唤小狼；幼狼在饥饿时也会发出尖细的叫声；每到天黑后，饥饿的狼就会嚎叫着集群外出寻找食物。另外，狼群各个体间传递信息时，所发出的嚎叫声，都是在晚上进行的。因此，人们常常在夜深人静的山区听到狼嚎。

为什么狼的眼睛在黑夜里闪闪发光？

狼有一双闪闪发光的眼睛，是由于它眼睛的底部有许多特殊的晶点，这些晶点有很强的反射光线的能力。狼在夜间出来活动的时候，眼睛里的晶点可以把周围非常微弱的、分散的光线收拢，聚合成束，然后集中地把它反射出来，看起来好像狼的眼睛会放出光来。

1. 狼一般在（　）嚎叫。

A. 晚上　B. 全天　C. 白天

2. 在抚幼期，母狼（　）要嚎叫。

A. 寻找配偶　B. 因为饥饿

C. 呼唤小狼

答案：1.A　2.C

43. 水母没牙为什么还会“咬人”？

水母是一种腔肠动物，一般为青蓝色，它有着乳白色透明得像伞一样的东西，在海面上静静地漂浮着。

水母没有牙齿，然而却有人说水母会咬人。其实，水母的触手上和伞盖的边缘，都隐藏着许多刺细胞，这些刺细胞里面有毒液，还有一根盘卷着的刺丝。当水母遇到敌害的时候，就会很快地将刺丝弹射到敌害的体内，并且放出毒液。当敌害被刺丝刺中的时候，就会像是被水母咬了一口一样，这就是水母会咬人的原因了。

有一种水母叫僧帽水母，也称为葡萄牙军舰水母，分布在世界的暖洋中，因为其形状像和尚的帽子而得名。它看上去很漂亮，其实它那像绸带一样的触手上面，布满了无数含有毒素的细胞，这种毒液的毒性可以和眼镜蛇相比，中毒后，能使人神经错乱甚至死亡，简直是名副其实的美丽杀手。

1. 水母（　）牙齿。

A. 有　B. 没有

C. 有的有，有的没有

2. 水母的触手上和伞盖的边缘，都隐藏着许多（　）。

A. 毒液　B. 刺丝　C. 刺细胞

为什么说水母是海洋里的风暴预报员？

水母触手中间的细柄上有一个小球，里面有一粒很小的听石，这是水母的“耳朵”。由海浪和空气摩擦而产生的次声波冲击听石，刺激着周围的感受器，水母便在风暴来临之前的十几个小时就能够得到信息，就可以立即从海面上消失。

答案：1.B　2.C

44. 海豚有多高的智商?

在水族馆里，海豚能按照训练师的指示表演各种美妙的跳跃动作，它似乎能听懂人的语言。那么，海豚的智商到底有多高呢?

海豚十分聪明伶俐，是因为它有一个发达的大脑，而且大脑沟回很多。一头海豚的脑均重为 1.6 千克，人的脑均重约为 1.5 千克，而猩猩的脑均重不足 0.25 千克。海豚脑部神经细胞的数目比人类或黑猩猩的要多，密度几乎都相等，所以海豚脑部的记忆容量和信息处理能力与灵长类动物不相上下。

海豚的睡眠状态是独一无二的，在睡眠中，海豚的大脑两半球处于明显不同的状态之中：当一个大脑半球处于睡眠状态时，另一个却在清醒中，每隔十几分钟大脑两边的活动方式变换一次，难怪人们称海豚是“不眠的动物”。

我们看到的海豚表演各种动作只能证明它的模仿能力强，除此之外，它还能准确地确定方向，即使在黑暗或混浊的海水中也能准确地识别目标。

为什么海豚可以长时间潜在海水里?

海豚和人类一样，都是靠肺来呼吸的哺乳动物。但是，海豚以鱼、虾等海洋生物为食，它们适应了长期生活在海水中，身体内的肌肉和血液经过体内的生物反应，能释放出氧气，保证呼吸的需要。因此，海豚长时间潜在水中也不会被闷死。

想一想

1. 海豚的脑神经细胞比黑猩猩的（　）。

A. 少　B. 多　C. 一样

2. 海豚是（　）动物。

A. 哺乳类　B. 两栖类　C. 鱼类

答案：1.B　2.A

45. 射水鱼能喷水打中昆虫的原因？

射水鱼的嘴里能喷水，这是它得名的缘由。射水鱼是生存在东南亚的一种常见的鱼，一旦有捕食对象，射水鱼便偷偷游近目标，先行瞄准，然后从口中喷出一股水柱，将昆虫打落在水面。射水鱼喷水的本领很高，距离 30 厘米内的昆虫很难逃命，它甚至能把好几米远的昆虫击落下来。

为什么射水鱼有这样的本领呢？这和射水鱼的嘴巴有关系。原来射水鱼的嘴里有一条小槽，在射水鱼喷水的时候，它就把吸取的水用舌头抵在小槽里，有压力的水在喷发时，就会变得非常有力，像出膛的子弹一样，就能把昆虫击落下来。而且射水鱼的眼睛非常特殊，能够自动瞄准，所以射水鱼能既快又准地把昆虫击落下来。

1. 射水鱼的（　）能喷出水，这是它得名的缘由。

A. 皮肤　B. 肛门　C. 嘴里

2. 射水鱼的（　）非常特殊，能够自动瞄准。

A. 眼睛　B. 嘴巴　C. 尾巴

弹涂鱼

弹涂鱼由于身上的胸鳍非常发达，它可以利用身体的弹跳力和尾鳍的推动力，在沙滩上爬行。如果岸边正好有树木，弹涂鱼还能爬上树梢，捕捉昆虫和小动物。弹涂鱼可以把自己的鳃里装满空气，万一氧气不够时，它会把尾巴插进泥土里吸取氧气，还可以利用皮肤和口腔黏膜呼吸空气。

答案：1.C　2.A

46. 为什么袋鼠肚子上有个“大口袋”？

袋鼠原产于澳大利亚大陆和巴布亚新几内亚的部分地区。袋鼠的后肢强健而有力，前肢由于平时不落地变得又细又短。袋鼠行走或奔跑时用后肢做跳跃式前进，用尾巴保持平衡，当它们缓慢走动时尾巴则可作为第五条腿。

所有雌袋鼠的肚子上都长有“大口袋”，这叫育儿袋。小袋鼠生下来身体完全没有毛，身长不到 2 厘米，它自己不能动，更不会自己获取食物，所以必须在育儿袋里生长。袋子里有 4 个乳头，小袋鼠要在这里生活 8 个月左右才能发育好，然后到外面的世界生存。

在澳大利亚生活着大约 260 种用育儿袋哺育后代的动物。袋鼠是有袋动物的代表，它能够同时哺育 3 个后代，一个是刚刚离开育儿袋但是还得吃奶的幼鼠，另一个是刚刚出生还在育儿袋里爬来爬去的幼鼠，还有一个待在袋鼠妈妈的肚子里，等待育儿袋空闲下来。

1.（ ）袋鼠的肚子上长有育儿袋。

A. 雄　B. 雌　C. 所有

2. 澳大利亚大约有（ ）种有育儿袋的动物。

A. 260　B. 460　C. 860

澳大利亚袋鼠

作为优雅与力量的象征，袋鼠成了澳大利亚国徽上的一个重要标志。另外在他们国际航班的客机上也画有一只奔跑着的袋鼠。此外，把大袋鼠的形象作为商标在澳大利亚也是司空见惯的事。

答案：1.B　2.A

47. 骆驼为什么能够忍饥耐渴？

骆驼被誉为“沙漠之舟”，因为它可以在沙漠中连续 10 多天不吃不喝地驮着货物行走。

骆驼的嗅觉很灵敏，顺风时可以嗅出 60 千米以内的水资源和草地，它能在 10 分钟内喝下 100 多升水，这些水可以供它行走 100 千米。它几乎可以吃沙漠和半干旱地区生长的任何植物，连荆棘都不放过。它省水的方法有 10 多种，吃的时候为了减少水分的损失，它的舌头不伸出来，夏天一天仅排尿 1 升左右，而且在体温约 40℃时才开始出汗，从不轻易张开嘴巴。

另外，它的驼峰是一个奇妙的脂肪贮存库，在没有食物的情况下，这些脂肪可以维特生命很久。骆驼不仅是沙漠地带著名的驮兽，而且它全身都是宝，可以为人类提供奶、肉、毛和皮革。

1. 骆驼是沙漠地带著名的驮兽，被人们称为（　）。

A. 沙漠之舟　B. 沙漠之神

C. 沙漠之狐

2. 骆驼的（　）是它的能量储备库。

A. 舌头　B. 驼峰　C. 脚趾

为什么说骆驼能预知天气？

骆驼的嗅觉和视觉十分灵敏，不仅能察觉远处的水源，而且还能预知风暴。每当风暴来临之前，骆驼就会伏下不动。在沙漠里行走的人见此情景就知道将有风暴来临，就会立即做好预防准备。

答案：1. A　2. B

48. 赤狐为什么能报警？

狐和狸是两种不同的动物。狐长的像狗，耳朵很尖，长有浓密的毛，还有一条厚密的长尾巴；狸比狐胖些，嘴略圆，脸上两颊还横生着长长的毛，它的皮毛多为棕灰色，蓬松的尾巴是它的特征之一。

传说赤狐是能报警的，原来赤狐的肛部两侧各生有一个腺囊，能释放出奇特的臭味。如果猎人在设置陷阱的时候被赤狐看到了，它就会悄悄地跟在猎人的后面，在每一个陷阱的周围都故意留下一股臭味。这股臭味是一种特殊的警报，其他的同伴闻到这种臭味就知道是猎人设下的陷阱，不会再上当了。从中我们可以看出来，赤狐的臭味是一种特殊的报警方式，所以有人说赤狐会报警。

另外，赤狐可以用这种气味来标记领地，还可以通过对方留下来地气味识别对方的性别、地位等级和确定的位置。同时，赤狐的这种气味还是它们逃生的秘密武器。

1. 狐和狸是不同的两种动物，（ ）长的像狗。

A. 狸 B. 狐 C. 赤狐

2.（ ）的肛部两侧各生有一个腺囊，能释放出奇特的臭味。

A. 狸 B. 狐 C. 赤狐

赤狐从幼年到成年的变化

刚出生的赤狐什么也看不见，要依靠赤狐妈妈的保护和喂养。在成长的过程中，它们的形状也在改变——耳朵、鼻子和腿都变长了。成年赤狐的身体强壮、修长，腿也很长。浓密的皮毛能使它们保持温暖，身上的颜色可以帮助它们隐藏于林地。

答案：1.B 2.C

49. 海中真的有美人鱼吗？

儒艮主要生活在热带和亚热带水域，多在距海岸20米左右的海草丛中出没，有时随潮水进入河口，取食后又随退潮回到海中，很少游向外海。它像一只巨大的纺锤，有3米多长，400多千克重，身大头小，尾巴像月牙。最难看的是它那像耗子一样的眼睛，鼻孔在头顶上，耳朵无耳沿，两颗獠牙从厚嘴唇边露出，样子十分难看。

有人说它像美人鱼，主要是因为它和人的生活习性有相近的地方。小儒艮都是吸吮妈妈的乳汁长大的；儒艮的体形也有点像女人的地方，它演化后的前肢——胸鳍旁边长着一对较为丰满的乳房，有如拳头大小，其位置与人类非常相似。所以在它偶尔腾海而起，露出上半身在海面上时，真有点成熟女人的模样。

儒艮喂奶时以其粗壮的手拥抱着孩子，头部和胸脯全部露出水面，酷似在水中游泳的人，故有“美人鱼”之美称。

想一想

1.（　）是一种海兽，有“美人鱼”之称。

A. 儒艮　B. 海豹　C. 鲨鱼

2. 人们说儒艮是“美人鱼”，主要是它的（　）和体形与人相似。

A. 眼睛　B. 生活习性　C. 嘴

海牛是海洋里游来游去的牛吗？

海牛不是牛，海牛就是儒艮，它是生活在海洋和河道中的一种海兽。海牛虽然叫“牛”，可是除了外翻的嘴与牛有点相似外，其他与牛根本毫无共同点。它虽然和鱼一样生活在水中，但与鱼也毫无关系。

答案：1.A　2.B

50. 海马为什么是从爸爸的肚子里出世？

海马不是马，而是一种鱼，之所以称它为海马，是因为它有一个与马相似的头。

几乎所有动物都是雌性繁殖下一代，但小海马却是由雄性海马分娩出来的。海马爸爸的腹部有一个类似袋鼠妈妈的孵卵囊，袋壁中布满大量血管，可以为胎儿供应足够的营养。每年谷雨过后，海马爸爸的孵卵囊逐渐变厚变大，海马妈妈就将成熟的卵一粒一粒地产在海马爸爸的孵卵囊中，与此同时，海马爸爸也排出精子，使卵在孵卵囊中受精。大约经过 3 个星期，一个个针尖大小的小海马就从孵卵囊中产出来了。

海马每胎产仔的数量不等，少则百十个，多则上千个，一条海马一年内可以产几胎甚至十几胎。小海马的生长速度很快，出生时只有几毫米，1 个月后就能达到 60 毫米，3 个月可达到 100 多毫米，5 个月就长成大海马了。

1. 海马是（　）的一种。

A. 龟　B. 马　C. 鱼

2. 每年的固定时期，海马妈妈就会把卵子产在海马爸爸的（　）里，和海马爸爸的精子合成受精卵。

A. 背部　B. 肚子　C. 孵卵囊

海马的眼睛有什么特别之处？

海马的眼睛生长在一个骨质的塔形结构上，每个小塔形都可以转向不同的方向，所以海马给予两只眼睛不同的任务。它们常常会用一只眼睛搜索食物，而另一只眼睛却在机警地环顾四周，随时观察有没有敌人也在伺机捕获它们。

答案：1.C　2.C

51.世界上什么动物最臭?

最臭的动物不是指它的身体最臭，而是它分泌的物质最臭。虽然黄鼠狼、灵猫和白鼬都会放臭屁，但世界上最臭的动物要属美洲的臭鼬。

臭鼬生活在美洲的半山区或草原地带，体长 40 厘米，四肢粗短，尾巴粗大，样子很像哈巴狗。

臭鼬的尾巴旁有一个腺体，能分泌一种奇臭无比的液体。如果敌人靠得太近，臭鼬会低下来，竖起尾巴，用前爪跺地发出警告。如果这样的警告未被理睬，臭鼬便会转过身，向敌人喷射恶臭的液体。这种液体如果溅到眼睛里，会导致短时间失明，如果喷到鼻孔里，会起到麻痹作用，使被击中者呕吐、昏厥。如果这种液体粘到物体上，其强烈的臭味在约 600 米的范围内都可以闻到。所以美洲野猫、美洲豹等动物，除非饥饿难忍，一般都会避开臭鼬，甚至连猎人也不愿接近它。

1. 世界上最臭的动物是（　）。

A. 臭鼬　B. 黄鼠狼　C. 白鼬

2. 臭鼬从（　）释放臭味液体，以攻击敌人。

A. 鼻孔中　B. 肛门

C. 尾巴附近的腺体

臭鼬有天敌吗?

臭鼬可以说是世界上最臭的动物了，由于臭鼬难闻的气味，几乎没有什么动物愿意接近它们，不过虎斑猫头鹰却是个例外。它是动物界唯一以臭鼬为食物的动物。

答案：1.A　2.C

52. 为什么说狐狸是最狡猾的动物？

狐狸是狐的通称，是动物界中最狡猾的动物，在童话故事里，人们喜欢把它放在军师的职位上，充当“诸葛亮”的角色。

狐狸的外形像狗，但四肢较短，嘴巴尖，尾巴长而蓬松。在野外行走时，狐狸留下一条呈直线形的足迹，而狗的足迹则是呈两条直线形。

狐狸在众多的食肉动物中是个弱小者，狮子、老虎、豹子等都是它的敌人。在不断的进化过程中，它的脑子进化得比其他食肉动物聪明。它只有依靠自己的智慧，使出各种各样的小计谋，才能躲避敌人的追击和捕捉到猎物。

狐狸的适应能力很强，无论是在森林、草原、荒漠、高山、丘陵还是平原，它都可以生存。

另外，狐皮号称“软黄金”，是裘皮中的珍品；狐肉脂肪含量低，且蛋白质含量较高，是营养丰富的野味。

想一想

1. 狐狸是（　）动物。

A. 肉素两食　B. 食素　C. 食肉

2. 狐狸依靠（　）躲避狮子的追击。

A. 朋友　B. 智慧　C. 体力

谁是动物界最伟大的建筑师？

河狸是动物世界中最伟大的建筑师。当河狸移居到一条新的河流时，它们要做的第一件事就是筑一条水坝。水坝堵住水流，就形成了一个池塘。在池塘中间，河狸建造起自己的巢穴。巢穴中间是空的，幼河狸在这儿安全地出生并躲避敌人。

答案：1.C 2.B

53. 为什么说蝉是害虫？

蝉俗称知了，是一种能破坏树木的害虫。蝉鸣，是蝉的求偶手段，会鸣叫的是雄蝉，雌蝉不会鸣叫。

蝉鸣叫是由体内神经输出的电流，刺激了位于腔内骨膜上的鸣肌，以每秒伸缩一万次的频率振动而发生的。

雌蝉在产卵的时候，先用产卵器把树枝刺成一排排卵窝，再把卵产在里面。蝉的幼虫要在土中生活 12~13 年或者更长时间才能变成成虫。到了春天，蝉的幼虫渐渐向土地上层移动，吸食树根的汁液，危害树木。幼蝉出土以后，爬上树干，外皮从背部中央裂开，幼蝉就脱壳而出，爬到树梢用头部腹面的长嘴插入树枝吮吸汁液，损伤树木。

蝉会发出 3 种不同的鸣叫声：集合声，受每日天气变动和其他雄蝉鸣叫声的调节；交配前的求偶声；被捉住或受惊飞走时的鸣叫。蝉就是通过这样不同的鸣声来表达自己不同的心情和所要达到的目的的。

1. 蝉鸣，是蝉的（　）手段。

A. 示威　B. 争斗　C. 求偶

2. 会鸣叫的蝉是（　）蝉。

A. 都会　B. 雄　C. 雌

所有的蝉都会鸣叫吗？

会鸣的蝉是雄蝉，它的发音器就在腹基部，由于鸣肌每秒能伸缩约1万次，盖板和鼓膜之间是空的，能起共鸣的作用，所以其鸣声特别响亮。并且能轮流利用各种不同的声调激昂高歌。雌蝉的身体构造不完全，不能发声，所以它是“哑巴蝉”。

答案：1.C 2.B

54. 为什么变色龙会变色?

变色龙的学名是“避役”，是爬行动物的一种，约 25 厘米长。它们长有一副有趣的外表，两眼凸出，可独立转动；身体扁平，上面覆盖着一层鳞片，体色可随外界发生变化，尾巴常呈螺旋状或者缠绕于树上。变色龙在动物界中堪称自我保护的行家，它在世世代代的进化中，为了捕捉猎物和避免敌人的侵袭，逐渐练就了使自身颜色与周围自然环境融为一体的伪装本领。就因为它善于随环境变化，改变自己身体的颜色，因而被称之为变色龙。

变色龙喜欢静悄悄地生活在树枝上，一夜之间可以变换 6 种颜色，它的表皮上贮存着黄、绿、蓝、紫、黑等色素细胞，如果周围的光线、温度或者湿度发生了变化，它身上的颜色也随着发生改变。因为变色龙的皮肤下有色素细胞，当外界环境的变化或者干扰、刺激到它们的时候，皮下细胞就会经过一种复杂的伸缩过程，使肤色发生相应的变化。同时，各种色素细胞相互之间的作用也会使体表呈现出不同的颜色。

1. 爬行动物中的避役俗名是（　）。

A. 四不像　B. 变色龙　C. 八脚兽

2. 变色龙一夜之间可以变化（　）种颜色。

A. 2　B. 6　C. 10

超级长舌——变色龙

变色龙长有一个超级长的舌头，是动物界的冠军。而且它们的舌头神奇无比，平时不用时蜷缩在口中，当发现猎物时舌头迅速充血，舌肌收缩，舌头闪电般地喷射出去，粘住猎物，再送回口中饱餐一顿。

答案：1. B　2. B

55. 为什么壁虎在墙上爬不会掉下来?

夏天，在院子里的灯光下，经常能看到爬在墙上、纱窗上或玻璃上的壁虎吃小飞虫。壁虎又叫守宫、天龙，它为什么可以在墙上行走而不掉下来呢?

原来，壁虎的脚上长着一种叫“吸盘”的小东西，吸盘上还长有许多像头发一样细小的小钩，壁虎能在墙上又快又稳地爬行，这全是吸盘的功劳。壁虎爬行时，脚一碰到墙壁，吸盘就会牢牢地吸住墙，所以，它在爬行时又快又稳，没有一点声音。

人们根据壁虎脚上的吸盘发明了很多东西，比如吸在墙上的吸盘挂钩、射击的吸盘玩具等。

另外，壁虎的尾巴很容易断开，但能重新长出来，这是它们被捉住以后脱身的妙计。有些壁虎的尾巴也是它们的营养储存室，没吃没喝的时候，可以从里面提取营养。

1. 壁虎的脚上长有（　），所以爬在墙上不会掉下来。

A. 吸盘　B. 黏液　C. 保护膜

2. 壁虎的尾巴断开后，（　）重新长出来。

A. 能　B. 不能

为什么壁虎闭不上眼睛?

壁虎总是在夜间活动，视觉极为敏锐。它们的眼睛很大，没有活动的眼睑，只在下眼皮上长出一层透明的保护膜保护眼球，因此，它们的眼睛总是睁开的，瞳孔形成一个纵的裂缝，只需通过这个裂缝就可以看到外面的世界。

答案：1.A　2.A

56. 蝙蝠为什么倒挂着身体睡觉？

蝙蝠是唯一会飞行的哺乳动物，它们晚上飞到洞外去捕捉昆虫，白天则在洞中睡大觉，到了冬天，蝙蝠还要冬眠。

蝙蝠的前肢已经发展为翅膀，爪子的指骨特别长，在四根指骨与身体、尾骨之间长有一层膜，很像鸟的翅膀，可以用来飞行，但却没有羽毛，只有第一根指独立在外，比较短小，是用来爬行的。蝙蝠的后肢又短又小，有一片两层的膜，由深色裸露的皮肤构成，这样使得蝙蝠既不能走路，也不能站立。除翼膜外，蝙蝠全身覆盖着毛，背部呈浓淡不同的灰色、棕黄色、褐色或黑色，而腹侧颜色较浅。

蝙蝠是利用从空中落下的惯性起飞，一旦不幸落在地上，翼膜和身体都贴在地面上，就飞不起来了。所以蝙蝠总是把自己高高地倒挂在洞中，一旦有了危险，便能快速地伸开翼膜起飞。

1. 蝙蝠是（　）动物的一种。

A. 哺乳类　B. 两栖类　C. 鸟类

2. 蝙蝠的前肢发展为翅膀，后肢短小，并被（　）连住，既不能走路也不能站立。

A. 骨头　B. 翼膜　C 皮肤

世界上最大的蝙蝠有多大？

世界上最大的蝙蝠是狐蝠。狐蝠体形大，两个飞翼展开长达90厘米以上，它们的脸长得特别像狐狸。白天，狐蝠成群地倒挂在大树枝上，而在晚上则外出觅食野果、花蕊。冬季藏在洞穴中，甚至会冬眠。

答案：1.A 2.B

57. 大尾巴对于松鼠有什么用？

动物的尾巴各有各的用处。野牛的尾巴用来赶走蚊蝇；松鸡的尾巴用来求偶；鳄鱼的尾巴用来攻击敌人；鱼用尾巴来推动身体前进；蝎子的尾巴里全是毒汁，用来保护自己不受侵犯。

松鼠经常要从高高的树上跳下来，蓬松的大尾巴就像一把大大的降落伞一样，使它平安地落到地面上，而不至于摔伤了。当松鼠在树上蹦来跳去的时候，尾巴起到平衡的作用。遇到了凶猛的野兽，它的大尾巴会伸得直直的，在跳跃中像船上的舵一样，帮它掌握方向，使它逃脱野兽的追捕。它在水中时，尾巴竖起可以帮助游泳。到了睡觉的时候，松鼠蓬松的尾巴又成了暖和的被子，使它暖暖和和地进入梦乡。冬天，松鼠蜷起身子，把尾巴盖在身上，可以御寒保暖。最近动物学家发现，松鼠尾巴的摆动变化，还是它们互相交流的语言。

1. 松鼠在树上跳来跳去的时候，尾巴起到（　）的作用。

A. 保暖　B. 降落伞　C. 平衡

2. 冬天，松鼠的尾巴可以起到（　）的作用。

A. 保暖　B. 降落伞　C. 平衡

为什么称土拨鼠是“睡鼠”？

土拨鼠又称旱獭，栖息于山区平原的开阔地区，居于地穴或山麓斜坡上的巨砾间。旱獭非常爱睡觉，一年之中有9个月在睡眠中度过，因此称它们为“睡鼠”是再恰当不过的。

答案：1.C　2.A

58. 刺猬身上为什么有刺？

刺猬个头较小，体形圆，头小，脸尖，尾小或无，背部和头顶上覆盖着一层短而无倒钩的浓密的刺。刺猬多数生长在平原、丘陵、山岭的荒草地中，昼伏夜出，嗅觉十分灵敏。遇到危险时，它把身体缩成一个刺团来保护自己。冬季气温低，刺猬很少外出活动觅食，它主要吃幼鸟、青蛙、老鼠等小动物，也吃碎米、面粉、瓜果、蔬菜等食物。

刺猬身上的刺不仅可以收集果子，而且还是一种极好的防卫武器。当受到别的动物侵袭时，它就会形成一个全副武装的刺球，使来犯者扫兴而去。

其实刺猬在遭遇突然袭击时，它们的第一反应是逃跑，如果时间来不及，它们会在不到3秒钟的时间内将脑袋、尾巴和爪子缩进背部皮肤形成的保护外壳中，这样根根尖刺竖立起来，形成一个刺球。一旦危险过去，刺猬立即展开身体逃向最近的隐蔽处。

1. 刺猬遇到危险时，身体会（　）来保护自己。

A. 攻击对方　B. 缩成刺团

C. 平躺装死

2. 刺猬在（　）出来觅食。

A. 晚上　B. 晴天　C. 白天

“守株待兔”的刺猬

刺猬是名副其实的杂食家，它们的食物丰富多样。刺猬信奉“守株待兔”的原则，它们从来不去追逐猎物，只满足于送上门来的美味。它们的食量大得惊人：在几小时之内能消化 80 多只鞘翅目昆虫或蚯蚓。

答案：1.B　2.A

59. 母鸡为什么会生“怪蛋”？

有时候，母鸡会生下一个双黄蛋、软壳蛋、蛋中蛋等这样的“怪蛋”。这是为什么呢?

母鸡成熟的卵子就是后来的蛋黄，在输卵管的上部被包上蛋白，在输卵管的下部再裹上壳膜和蛋壳，最后排泄出来就是鸡蛋了。

有时候，母鸡的卵巢功能过分活跃，而食物又比较丰富，蛋黄成熟得非常快，两个成熟的蛋黄同时送到输卵管；而输卵管来不及用蛋白把它们一个一个地包裹起来，就把它们包在了一起，排出体外，双黄蛋就产生了，这种双黄蛋是不能孵出小鸡的。鸡蛋壳的主要成分是碳酸钙，当母鸡体内缺乏钙质的时候，鸡蛋生长蛋壳缺少原料，生下来的鸡蛋就是软壳蛋了。蛋中蛋一般很少见，它是由于母鸡在生蛋的时候受到刺激，使原本已经形成的鸡蛋黄又返回到输卵管的上部，再一次被裹上了蛋白和蛋壳。

褐马鸡是如何产卵的?

褐马鸡通常将巢筑于茂密的林下或灌丛间的地面低洼处，只简单地铺些干草枯叶，就开始偎窝下蛋。产下来的蛋颜色不一，多为淡褐色或鸭蛋青色，无斑点，平均重量大约为56.3克。孵化26~27天之后小鸟就会破壳而出。

答案：1.A 2.B

1. 母鸡成熟的卵子就是后来的（ ）。

A. 蛋黄　B. 蛋清

2. 母鸡成熟的卵子在输卵管的上部被包上（ ）。

A. 蛋黄　B. 蛋白

60. 为什么蓑蛾又叫避债蛾？

雌蓑蛾没有一般蛾子的四个满是“粉末”的翅，也没有蝴蝶那样美丽的花衣服，而是朴朴素素的一件“蓑衣”。这件“蓑衣”是由一根根干草棍或小细枝组成的，有的是枯叶的碎片，有的是木屑。别看这件衣服的外表粗糙，里面可是用纯丝织成的，洁白光滑，柔软而且温暖。

蓑蛾也和别的蛾子一样，是由一条毛毛虫从卵里钻出来变成的，小毛毛虫出生后的第一件事情就是把雌蛾留下的“蓑衣”改造成自己的小衣服。穿上“新衣服”的小毛毛虫把身子举起来倒竖着，只把脚露出来，有了“蓑衣”的保护，小毛毛虫就不怕风雨和敌害了。在冬天，它还可以在“蓑衣”里面过冬呢！

春天的时候，雄蓑蛾有翅会飞出去，而雌蓑蛾没有翅，它将卵产在“蓑衣”里。由于蓑蛾总是躲在“蓑衣”里不出来，人们就形象地叫它避债蛾。

1. 春天的时候，（　）有翅会飞出去。

A. 毛毛虫　B. 雄蓑蛾　C. 雌蓑蛾

2. 春天的时候，（　）没有翅把卵产在“蓑衣”里。

A. 毛毛虫　B. 雄蓑蛾　C. 雌蓑蛾

美洲月形天蚕蛾

美洲月形天蚕蛾浑身长满了毛，身体肥大，翅膀颜色灰白，并有弯弯的长“尾巴”。上面还有明亮的眼点。雄蛾的大触角，可以探知远在3千米外的雌蛾散发出的气味。它们在山胡桃和核桃等树上产卵，通常一年繁殖两代。

答案：1.B 2.C

61. 狗夹起尾巴是害怕吗？

狗尾巴的动作是它的一种“语言”。虽然不同类型的狗的尾巴形状和大小各异，但是其尾巴的动作却表达了大致相似的意思。

狗兴奋时就会摇头摆尾，尾巴不仅左右摇摆，还会不断旋动。尾巴翘起，表示喜悦；尾巴下垂，意味危险；尾巴不动，显示不安；尾巴夹起，说明害怕；迅速水平地摇动尾巴，象征着友好。

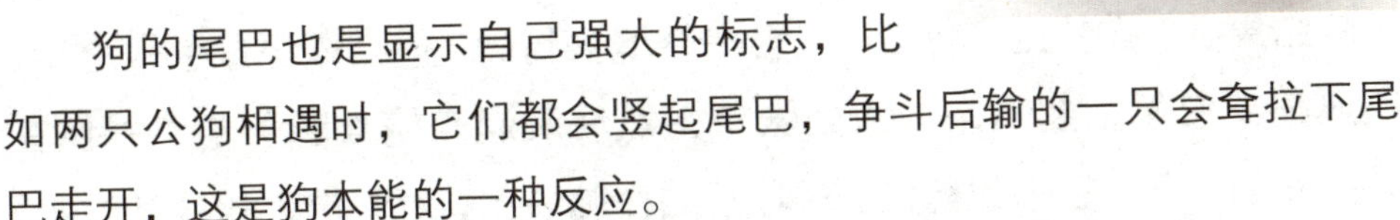

狗的尾巴也是显示自己强大的标志，比如两只公狗相遇时，它们都会竖起尾巴，争斗后输的一只会耷拉下尾巴走开，这是狗本能的一种反应。

狗尾巴的动作还与主人的音调有关。如果主人用亲切的声音对它说：“坏家伙！坏家伙！”它也会摇摆尾巴表示高兴；反之，如果主人用严厉的声音说：“好狗！好狗！”它仍然会夹起尾巴表现害怕。这就是说，对于狗来说，人们说话仅是声源，是音响信号，不具有任何意义。

1. 当狗兴奋时，会翘起尾巴，在（　）时，会夹着尾巴。

A. 不安　B. 害怕　C. 惊慌

2. 狗尾巴的动作和主人说话时的（　）有关。

A. 声调　B. 手势　C. 言语

人们为什么喜欢饲养狗？

狗是人类最喜爱的动物之一，是人类忠实的朋友和助手。它们聪慧温顺、忠贞诚挚、顽强勇敢，直到现在还在巡逻警卫、侦查联络、搜索追踪、运输救助、抢险救灾、护牧狩猎、科学实验，以及陪伴玩赏等方面为人类做着贡献。

答案：1.B　2.A

62. 猫和狗也会做梦吗？

你只要在猫和狗睡觉时仔细观察一下就会发现，它们有时会呜呜叫，有时还不停地摇尾巴或动腿，这都表明狗和猫正在做梦。

法国生理学家波希尔·诺夫用猫做了一个很有趣的实验，证明猫是会做梦的，可是每次做梦的时间不超过 5 分钟。他阻断了猫大脑中一个叫“脑桥”的部位，这样做的结果是，猫梦见了什么，就会按梦境去行动。这只猫经过手术之后，在熟睡中忽然抬起头来，四处张望，然后又起来绕着圈子走，好像在寻找食物，突然它举起前爪，双耳紧贴在脑袋上，对假想之敌猛扑过去。为了证明这些行为是在睡梦中做出的，波希尔·诺夫故意在猫身旁敲击物品发出声响，甚至将老鼠放在它身边，可是这只猫对周围发生的一切事都无动于衷，看来真的是在做梦。

科学家经过很多不同研究得出结论：大部分爬行动物不会做梦；鸟类和哺乳动物都会做梦。

1. 猫在睡觉时，不停地摆尾巴，或呜咽着，说明它在（　）。

A. 闹情绪　B. 做梦　C. 玩耍

2.（　）的生理学家波希尔·诺夫用猫做了一个实验，说明猫是会做梦的。

A. 法国　B. 美国　C. 日本

世界上最富有的猫

1978 年 1 月，美国人格雷斯·阿尔玛临终前，把价值 25 万美元的遗产全部留给了名叫“查利·陈”的白色庭院猫。它当之无愧地成为了世界上最富有的猫。

答案：1. B　2. A

63. 猫的眼睛为什么一日三变？

猫的眼睛不仅早晚不一样，而且中午的时候与早晚也不一样。原来，猫的瞳孔很大，而且瞳孔“括约肌”的收缩能力特别强，对光线的反应十分灵敏，甚至能使瞳孔几乎完全闭合。猫可以在不同的光线下很好地调节与之相适应的瞳孔。因此，猫为了在任何时候都可以看见东西，会根据光线的强弱来调整自己的瞳孔。

在早晨中等强烈的阳光照射下，瞳孔可以缩得很小，像一根线一样，在晚上昏暗的情况下，瞳孔可变得像满月那样圆大。由于猫的瞳孔具有良好的收缩能力，所以在光线过强的条件下都能清楚地看到东西。

猫的爪子尖尖的，像钢钩一样，可是猫走路却没有一点声音。原来，猫的脚下长着肥厚而柔软的肉垫，脚趾末端的钩爪可以缩回。这样一来，猫就可以悄然接近老鼠，趁其不备突然扑上去，伸出它那又尖又利的爪子把老鼠逮个正着。正是由于猫具有了特殊的眼睛和爪子，才能更多地抓捕老鼠。

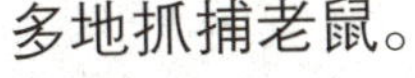

1. 猫的瞳孔在强烈的阳光下像（　）。

A. 一根线　B. 满月　C. 葡萄

2. 猫的瞳孔很大，而且（　）能力也很强。

A. 反光　B. 识别　C. 收缩

猫妈妈为什么要舔小猫？

猫妈妈生下小猫之后就会把它们全身舔一遍。这是因为刚生下的小猫身上是湿的，猫妈妈要把它们的毛舔干，使小猫们不会受凉生病。几天以后猫妈妈会舔小猫的眼睛，让它们睁开眼睛看世界。

答案：1. A 2. C

64. 为什么白兔的眼睛是红色的？

兔子是人见人爱的小动物，毛有各种各样的颜色，有白色的、灰色的、黑色的、茶褐色的等等。如果你注意观察，就会发现各种兔子的眼睛也有各种不同的颜色，通常是和皮毛的颜色相一致。但为什么只有白兔子的眼睛是红色的，为什么它的眼睛和毛色不一致呢？

科学研究发现，兔子的毛色是由它们表皮所含的色素决定的。色素的颜色不仅表现在毛色上，也表现在眼睛里。眼睛的外层结构是透明的，色素的颜色很容易被看到，虽然眼球中有许多微细血管，但红颜色都被色素掩盖了，所以眼睛的颜色和皮毛的颜色一致。而小白兔的身上不含色素，它的毛是白的，眼球本身也是无色的。我们看到小白兔长着红眼睛，是因为它的眼球内有血液，而血液是红色的，这就使眼睛看上去也变成红色的了。

想一想

1. 兔子的毛色是由表皮所含的（　）决定的。

A. 维生素　B. 细胞　C. 色素

2. 小白兔身上（　）色素。

A. 含有　B. 不含

为什么雪兔会变色？

雪兔生活在寒冷地区，周围常常是冰雪世界。为了能够隐蔽一些，躲避天敌，雪兔的毛色总随着季节的变换而改变。夏季变为棕色，冬季除了耳朵尖上是黑色外，全身都会变成雪白。

答案：1.C 2.B

65. 为什么雄鸡能报晓？

俗话说：独有雄鸡才报晓，不是孔雀不开屏。在诸多动物中，鸡是唯一“信不失时，守夜啼晓”的动物。那么，雄鸡为什么这样守信报晓，持久不变呢？原来，在雄鸡的大脑和小脑之间，有一种松果形状的内分泌器官，一到晚上，就分泌出一种叫“黑色紧张素”的激素，这种激素对光特别敏感，当光线越过雄鸡头盖骨时，就产生化学反应，成了一种奇特的“生物钟”。随着地球自转的规律，在光的作用下，雄鸡就能够及时报晓了。这就是雄鸡为什么能够记忆明、暗的规律，一到天亮就鸣叫，而且不受天气阴晴的影响的原因。如果雄鸡受了外界刺激，也会在白天或半夜叫两声，那可能是它产生错觉的反应。

当夜幕降临，鸡的眼睛便什么也看不见了，总担心有敌人前来袭击。当夜幕和危险感随着黎明的到来而消失后，它们感到无比喜悦，于是便争相高歌。公鸡啼叫的目的，还有告诉同类自己所处的地位与呼唤母鸡到自己这里来的含意。

1. 公鸡的（　）生长在大脑与小脑之间的松果腺里。

A.“生物钟”　B. 鸡冠　C. 嘴

2. 公鸡头脑中的松果腺一天 24 小时不停地分泌（　）。

A. 黑色紧张素　B. 黑色紧张酶

C. 灰色紧张素

鸡为什么喜欢“洗澡”？

鸡身上有许多小虫，为了去掉这些小虫，鸡用身体在地面上摩擦，使羽毛沾满砂粒，然后用力抖掉。这样，附在羽毛上的小虫也就被弄掉了。

答案：1. A　2. A

66. 猪为什么喜欢睡觉？

猪属哺乳纲，猪科，最早在我国由野猪驯化而成。据出土文物的同位素测定，我国养猪已有5600~6080年的历史。猪的躯体肥满，四肢短小，鼻面短凹或平直，耳大下垂或竖立，体毛较粗，有黑、白、酱红或黑白花等色；性温驯，体强健，适应力强，饲料范围广，利用率高；生长快，成熟早，繁殖力强，屠宰率高，肉质优良，适于鲜用或加工，皮用于制革行业。

猪爱睡觉是因为其大脑里有一种叫内啡肽的物质，有麻醉作用，并可以舒缓情绪。另外猪特别怕热，不爱动，再加上脑子里分泌的麻醉物质，所以猪经常大睡。

由于家猪是由野猪驯化而来的。野猪依靠它那又长又坚硬的鼻子拱开泥土寻找植物的根块和小动物充饥。今天的家猪虽然有人饲养，但它仍保持了野猪拱土寻食的习性，所以也喜欢拱泥土。

为什么说猪并不蠢？

经过动物学家的测验训练，发现猪的智能并不比狗差，在很多情况下，猪比狗更聪明，凡是狗所能做到的各种技巧，猪都可以做。人们还发现，猪的感情很丰富，它会用不同的吼叫声、咆哮声、呼啸声等动作，表达自己的感情。有人利用猪灵敏的嗅觉让其寻找丢失的东西，或在战场上嗅出地雷。

答案：1.A 2.B

1. 猪的大脑中有（ ）的麻醉物质，可以舒缓情绪。

A. 内啡肽 B. 可卡因 C. 吗啡

2. 除了内啡肽外，（ ）也使猪爱睡觉。

A. 运动 B. 怕热 C. 怕冷

67. 为什么牛不吃草时嘴还在咀嚼?

牛是复胃的反刍动物，它有4个胃：瘤胃、蜂巢胃、重瓣胃和皱胃。牛每次都是很快地吞食食物，并贮存到瘤胃里，瘤胃里没有消化腺，因而不能分泌消化液，食物在瘤胃中湿润后，在体温的作用下与胃中的微生物一起发酵，然后被返回到嘴里慢慢细嚼。细嚼后，食物被送到第二个胃——蜂巢胃里进行消化，蜂巢胃能分泌消化液，食物先在这里进行粗消化，接着又被送到第三个胃——重瓣胃里进行细消化。通过两次消化后，再送到第四个胃——皱胃里进行充分消化、吸收。这就是牛不吃草时嘴也总在不停地咀嚼的缘故。

除牛之外，羊、鹿、骆驼等也有这种本事，这是它们的祖先从远古时期遗留下来的，这样会使这些动物在比较危险或食物不多的地方抢着多吃些，然后等有时间再慢慢咀嚼。

想一想

1. 牛是复胃反刍动物，它有（　）个胃。

A. 2　B. 3　C. 4

2. 除了牛，（　）也是反刍动物。

A. 猫　B. 狗　C. 骆驼

生活在海拔最高处的哺乳动物是什么?

牦牛是西藏高山草原特有的牛种，主要分布在喜马拉雅山脉和青藏高原。牦牛生长在海拔3000～5000米的高寒地区，能耐-40℃～-30℃的严寒，而爬上6400米处的冰川则是牦牛爬高的极限。牦牛是世界上生活在海拔最高处的哺乳动物。

答案：1. C　2. C

68. 为什么狗会对陌生人叫?

在狗没有被人驯养之前，它们像羚羊一样也是成群生活的。如果有人或其他动物走近，发现的狗就会汪汪地叫起来，通知其他同伴，大家一起把入侵的敌人赶走。狗被驯养以后，这个习惯被保留了下来，狗把主人的家当成了自己的地盘，不允许其他动物接近，即使是客人来了，也照样汪汪地叫，告诉主人“有人来了”。

人们在遛狗的时候，经常可以看见小狗在电线杆或树木的旁边闻闻，然后就抬起后腿，把尿洒在电线杆和树的根部，这是小狗在划分自己的“领地”。原来在狗的尿液里面有它的气味，这种气味叫信息激素，狗就是利用这种信息来划分范围的，别的小狗闻到这种尿液的时候，就会知道这里是其他狗的势力范围，还可以知道撒尿的狗的大小。

1. 当狗是野生动物的时候是（　）生活的。

A. 两个　B 单个　C. 群居

2. 狗被驯养以后把（　）看作自己的地盘。

A. 狗窝　B. 主人的家

C. 主人的卧室

为什么狗在夏天常常伸出舌头?

小狗身上没有汗腺，不能帮助身体排泄汗液来降低体温。小狗的汗腺长在它的舌头上，夏天时小狗为了维持正常的体温，就只好常常伸出舌头，让汗液快些排出来，从而散发身体内的热量。

答案：1.C　2.B

69. 老虎身上的斑纹有什么作用？

世界上老虎种类一共有八种：孟加拉虎、里海虎、东北虎（又叫西伯利亚虎）、爪哇虎、华南虎、巴里虎、苏门答腊虎、东南亚虎。其中，苏门答腊虎的斑纹最多，而东北虎的斑纹最少。野生的老虎一般能活 10 年，而豢养的老虎则能活上 20 年。

动物园中的老虎身上都有一圈一圈的斑纹，有的是黄黑相间，有的是灰褐色和黄色相间，好像漂亮的衣服一样。其实，这是老虎的保护色。

原来，在自然生活中，动物们为了避开天敌保护自己，在进化的过程中本身会有颜色或花纹，这样的颜色或花纹对它的生存有利，这样动物才能在自然选择中活下来，人们把这种颜色或花纹叫“保护色”。老虎身上的花纹就是它的保护色，很早之前，老虎生活在草长林密的地方，由于身上长着斑纹，它在休息或捕食的时候就不容易被其他动物发现了。

想一想

1. 老虎身上的斑纹是为了（　）。

A. 好看　B. 保护自己　C. 武装自己

2. 老虎身上的保护色是（　）。

A. 黄黑相间　B. 黄色　C. 红黄相间

虎的高超本领是从哪里学来的？

虎的高超本领都是从玩耍中习得的。几个小虎在一起总是好动好玩，虎妈妈也会陪伴它们嬉闹，并带回活的动物来训练它们的捕食能力。小虎必须从扑打追咬的游戏中学习捕猎的技巧和智慧。

答案：1. B　2. A

70. 为什么猿猴善于模仿？

猿猴的模仿性很强，它们不仅能跟人们学会一般的动作，还能学会做一些较为复杂的动作，这主要是因为猿猴的智能比较发达。猿猴是人类的近亲，在动物的分类上和人一样属于灵长类。猿猴长期生活在树上，行动需要较大的灵活性和肌肉的协调性，它们的大脑受到生活的影响，结构复杂而且完善。大脑越发达，就越聪明，相应的就具备了一定的识别和学习能力。人的大脑的重量占体重的 2%，而猿猴的大脑的重量占体重的 1.6%，所以，猿猴是接近人类的一种非常聪明的动物，能够模仿人类的行为。

非洲的纳米比亚有一个农场，饲养了一群羊，而牧羊的却不是人，而是一只大猴子。美国有一位叫作威廉的心理学家，训练两只猴子给瘫痪的病人当“护士”，它们能给病人倒开水，寄送书籍和报纸，还可以把唱片插到唱片机上呢！我国的黄林园场近几年来也训练了几只猴子，它们的主要任务是掰玉米、采水果，干得非常不错。

想一想

1. 在动物的分类上和人一样属于灵长类的是（　）。

A. 狗　B. 斑马　C. 猿猴

2. 猿猴的大脑重量占它体重的（　）。

A. 2%　B. 1.6%　C.1%

会跳舞的狐猴

狐猴也会像人一样跳舞，有的狐猴双手高高地举起，朝前弯曲，头微微低下，两条长腿频频交叉地往返舞动，极像在跳“迪斯科”。有的狐猴成群站立在树上，不断地左右扭动着身体，颇像人在跳“摇摆舞”呢！

答案：1.C　2.B

71. 为什么听到音乐眼镜蛇就会起舞？

眼镜蛇是一种剧毒蛇，长着扁平的脖颈，经常昂首而立，口吐舌信。它们的颈部背面有一对白边黑心的花纹，白色圆环，看起来像戴了一副眼镜，故而得名。当遇到敌害或发起进攻时，眼镜蛇的颈部肋骨会向外张开，外皮也随着伸张，摆出它们特有的威胁姿势。

眼镜蛇的毒性很大，一般人和动物都不会随便接近它，然而在印度等东南亚地区，舞蛇人能吹起笛子指挥眼镜蛇跳舞。当悠扬的笛声响起时，眼镜蛇的脖子会突然膨胀，并会立起上半身子，随着舞蛇人的舞步，来回摆动头部。难道眼镜蛇能听懂音乐？其实，眼镜蛇不但听不懂音乐，而且它的耳朵早已退化了，根本就没有听觉。眼镜蛇“闻”音乐起舞是因为它的脾气很暴躁，身体感到震动，想咬吹笛人一口而已。

1. 眼镜蛇的（　）背面有一对白边黑心的花纹，很像人们戴的眼镜，因而得名。

A. 头部　B. 颈部　C. 腹部

2. 眼镜蛇没有（　）。

A. 视觉　B. 味觉　C. 听觉

眼镜蛇怎样捕食？

眼镜蛇捕食的方法十分狡猾。它们在捕猎之时会躲在草丛中，只露出尾巴轻轻摇动，使得老鼠或者小鸟以为是蚯蚓在爬动而兴奋地前去捕食之际，眼镜蛇就会阴险地冲出来偷袭。转眼工夫，老鼠或者小鸟就成为它们的口中之餐。

答案：1.B 2.C

72. 黄鼠狼喜欢吃鸡吗?

黄鼬属于鼬科动物，因为它周身棕黄或橙黄，所以动物学上称它为黄鼬。黄鼬俗名黄鼠狼，说起黄鼠狼的名字是家喻户晓，人人皆知的。

俗话说“黄鼠狼给鸡拜年——没安好心”，其实千百年来，一直让黄鼠狼背着“偷鸡贼”的骂名是不公平的。动物学家通过上百次的研究证明，黄鼠狼不是在特别饿的时候是不会吃鸡的。

黄鼠狼是蛇的天敌，即使遇到毒蛇，它也会一口将蛇咬死，并且全部吃掉。

黄鼠狼最爱吃的是老鼠。据说黄鼠狼演变成现在肢短体长的体形，就是为了捕捉老鼠。哪只老鼠遇到了黄鼠狼，它就休想活着回家。黄鼠狼还能掘开鼠洞，成窝地消灭老鼠，堪称“灭鼠能手”。它除了吃蛇和老鼠外，还吃刺猬、小杂鱼、蛙类、蜗牛、蚯蚓等，它的食物如此丰富，而且随处都能找到，所以说它没必要冒着生命危险去偷鸡吃。

想一想

1. 黄鼠狼最爱吃（　）。

A. 老鼠　B. 鸡　C. 蚯蚓

2. 黄鼠狼除非在特别饿，而且找不到其他动物时，才会吃（　）。

A. 老鼠　B. 鸡　C. 蚯蚓

刺猬为什么怕黄鼠狼?

刺猬遇敌时一般会蜷成一团，依靠刺来自卫，而黄鼠狼遇到蜷成一团的刺猬时就对着它放一个臭屁，把刺猬熏得晕倒，四肢放松，露出柔软的腹部。黄鼠狼就可以从刺猬的腹部下口，吃掉刺猬。

答案：1. A　2. B

73. 河豚的肚皮为什么会膨胀？

动物都有保护自己不被天敌消灭的看家本领，那么河豚的看家本领是什么呢？

原来河豚的腹部皮肤比背部的皮肤松弛，而且长着刺。当它遇见敌人的时候，就迅速地冲到水面，张开大嘴使劲吸气，肠子前下方与胃相连的气囊就充满了气体，腹部随着膨胀起来，刺就立起来了，让敌人没有下口的地方。可以看出来，河豚的肚皮膨胀是它自卫的手段。

生物为了保护自己，都采用了不同的自卫方法。河豚的体内贮存着一种剧毒，叫河豚毒素。当河豚遇到敌人的时候，就会从皮肤上分泌出许多河豚毒素，使敌人马上放开它。虽然河豚有毒，但河豚的肉却味道鲜美。人们把河豚的内脏、血液、生殖腺去掉，并冲洗干净烹调出来，味道非常好，以至于有些人冒着中毒的危险来品尝这种美味，因此有“拼死吃河豚”之说。

想一想

1. 河豚的（　）长着一根刺。

A. 背部　B. 腹部　C. 头部

2. 河豚的（　）前下方与胃相连的气囊就充满了气体。

A. 肠子　B. 肚皮　C. 心脏

刺豚有什么绝招？

平时，刺豚身上的硬刺平贴在身上，与别的鱼没有太大的区别；但当它遇敌时，就会立即大口吞进海水，强大的水压使全身胀大2～3倍，倒下的硬刺也竖立起来，形成一个大刺球，让敌人无法下口，这样刺豚就可以避免被吞食的危险。

答案：1.B　2.A

74. 狗的鼻子为什么灵敏?

狗的嗅觉器官非常发达，上面有黏膜，经常分泌黏液来湿润嗅觉器官上的嗅觉细胞，使它的鼻子经常保持着嗅觉灵敏性。不仅如此，狗的鼻尖的表面部分还长着一块不长毛的黏膜组织，上面有很多突起，这块黏膜组织经常分泌黏液来湿润这些突起，从而使它更加容易接触空气。由于狗的鼻子构造比一般的动物的复杂得多，所以狗的嗅觉非常灵敏；但是如果狗在发烧，它的鼻子就会发干，嗅觉就不灵了。

人们一般用“狗急跳墙”来形容一个人走投无路、企图反扑的狼狈样子，但是，狗急了还真会“跳墙”！

狗被追得发慌时，全身的神经系统处于极度兴奋状态。同时体内的三磷腺苷就会在酶的作用下极快地释放出极大的能量，瞬间把肌肉缩到原来长度的三分之一或四分之一，猛力拉动骨骼关节使自己跳起来。不光是狗，还有其他动物，包括人在内，如果被逼急了，都会“狗急跳墙”的。

想一想

1. 人们一般用（　）来形容一个人走投无路、企图反扑的狼狈样子。

A. 人模狗样　B. 狼狈为奸

C. 狗急跳墙

2. 狗被追得发慌时，体内的（　）就会在酶的作用下，极快地释放出极大的能量。

A. 维生素　B. 三磷腺苷　C. 蛋白质

什么是狂犬病？

狂犬病又称恐水病，是由狂犬病毒引起的，主要侵犯中枢神经系统的一种人畜共患的急性传染病。狂犬病通常由病犬以咬伤的方式传给人，主要有恐水，怕风、光、声等临床症状，病死率几乎100%。一般来说，被咬的伤口深而严重，部位越靠近头、面，越危险，必须尽快注射疫苗和免疫血清。

答案：1.C　2.B

75.比目鱼的眼睛为何长在同一边?

一般鱼身体的两侧都是对称的，而身体扁扁的比目鱼，身体却不对称，它的眼睛长在同一边，鼻子也偏向一侧，还有口、牙、胸鳍、腹鳍都不对称。

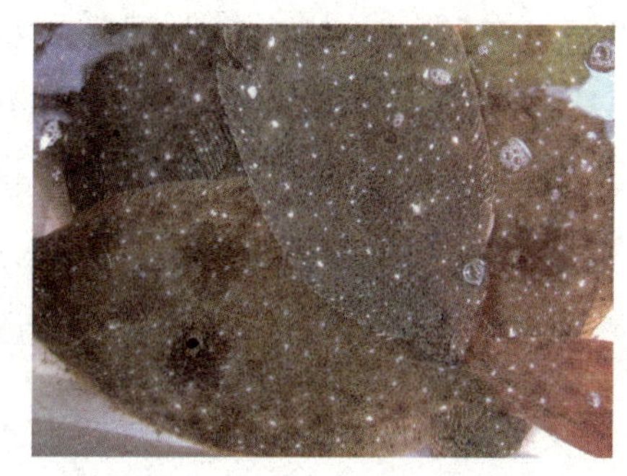

其实，比目鱼刚生下来的时候，眼睛是对称地长在头部两侧的。幼小的比目鱼非常好动，喜欢到水面上玩。当它长到 20 天左右，身体有 1 厘米长时就开始侧卧在海底。侧卧时间长了，身体各部位生长不平衡，下面的身体变得特别扁，下侧的眼睛贴在海底也没有用了，这时，眼下软带开始不断增长，使这只眼睛不断向上移动，逐渐经过背脊到另一侧，与原有的另一只眼睛并列在一起。当它到了适当的位置后眼眶骨很快就会生成，眼睛以后就不再移动。它在游动时身体侧着，长眼睛的一面向上，有利于发现食物和敌人。

有哪些鱼会长胡须?

在鱼类中，有不少鱼都长有胡须。它们的胡须不仅长、短、粗、细、圆、扁等形态不一，而且数目也不尽相同。鲱鱼生有 1 对胡须；鲤鱼、鲟鱼等生有两对胡须；海水中的海鲇和淡水中的大鲇都有 3 对胡须；胡子鲇生有 4 对胡须，泥鳅生有 5 对胡须；另外，还有长着 8 对胡须的鲶鱼呢！

答案：1.C 2.A

1.（ ）的眼睛长在同一侧。

A. 旗鱼　B. 箭鱼　C. 比目鱼

2. 比目鱼除了眼睛不对称外，还有（ ）、牙、腹鳍都不对称。

A. 口　B. 鼻　C. 尾巴

76. 乌贼为什么肚子里会有墨汁?

乌贼又叫墨鱼或墨斗鱼，是软体动物。它的头部发达，有 1 对大眼，结构极为复杂，与高等动物的眼近似。头顶有口，口的周围有腕 10 条，其中两条触腕与体同长，顶端扩大如半月形勺，上面生许多小吸盘；其余 8 条腕较短，上面生有 4 列吸盘，均有角质齿环。在乌贼的腹面，头的下方有 1 个锥状肉质漏斗（又称水管），这是乌贼生殖细胞、排泄物、水、墨汁的出口，也是主要的运动器官。

最奇怪的是，乌贼的肚子里有个装有大量墨汁的“墨囊”，这是乌贼保护自己的一种武器。当它遇到鱼、海豚、企鹅等动物追赶时，就从墨囊里迅速喷放出墨汁，把周围的海水染成黑色，当敌人的眼前处于一片黑色的时候，它就可以从容地逃走了。

乌贼的墨汁里含有毒素，可以麻痹敌人，这是乌贼的武器，也是它一种保护自己的方式。但是乌贼积蓄一囊墨汁，却需要相当长的时间，所以不到万不得已，它是不舍得将这些珍贵的墨汁喷出来的。

1. 乌贼又叫（　）。

A. 乌鸡　B. 鱿鱼　C. 墨斗鱼

2. 乌贼是（　）动物。

A. 哺乳　B. 软体　C. 节肢

怎么章鱼也会喷墨?

章鱼，也叫鱿鱼、墨鱼，属于多足动物，它头部四周有八只手臂一样的触角。章鱼的身体下方有一个墨囊，墨囊中贮藏着黑色液体。在情况危急的时候，章鱼就会和乌贼一样释放出黑色液体，把周围的海水染黑，来掩护自己逃走。

答案：1.C　2.B

77. 为什么蚂蚁是大力士?

我们经常在路旁看到蚂蚁在搬东西。别看蚂蚁很小，它可是动物界的大力士呢，有时我们会看见一只蚂蚁在搬动比它自身大许多的大青虫！科学家们研究发现，蚂蚁能将比其自身重50多倍的石块搬走，所以，说蚂蚁是大力士一点也不过分。那么，蚂蚁是怎么做到的呢？蚂蚁的腿部肌肉可以说是一台高效的肌肉发动机组，这台发动机的动力来自一种结构复杂的化学物质。当蚂蚁走动时，它腿部的肌肉就会产生一种酸性物质，这种酸性物质就刺激化学物质急剧变化，肌肉收缩起来，“发动机”就开始产生巨大的力量，蚂蚁就轻而易举地把重物搬走了。

蚂蚁在搬东西的时候，都是排着长长的队伍，这样可以使它们不迷路，也不会相互走散。蚂蚁在走路的时候会释放出一种只有同伴才能闻出来的气味，走在后面的蚂蚁，只要跟着前面的蚂蚁留下来的气味，就不会走错地方了。

想一想

1. 科学家们研究发现，蚂蚁能将比其自身重（　）多倍的石块搬走。

A. 30　B. 40　C.50

2. 蚂蚁的（　）部肌肉促使它搬重物。

A. 腿　B. 腹　C. 头

蚂蚁奇趣

大自然中有1.5万多种蚂蚁，它们具有令人称叹的本领和千奇百怪的习性。生活在巴西热带雨林中的剪叶蚁，全窝出动能在一夜之间把整棵大树的叶子剪光；还有一种蓄奴蚁，专门掠夺、畜养别的蚂蚁为其干活。

答案：1.C　2.A

78. 恐龙吃什么？

恐龙现在已经成为人人皆知的动物，英国人曼特尔是最早发现了恐龙化石的人。

恐龙生活在距今 7000 万年 ~2.3 亿年以前的中生代，大多数身体特别庞大，曾经在地球上称雄一时。恐龙分为肉食恐龙和植食恐龙两大类，大型的肉食恐龙吃植食恐龙，小型的肉食恐龙吃小动物和昆虫，有的还偷吃恐龙蛋；植食恐龙吃植物。

中生代的地球气候温暖，陆地上到处布满湖泊和沼泽，生息着许多种类的爬行动物，这些动物很多都成了肉食恐龙的食物。中生代的松柏、银杏和蕨类植物都是植食恐龙的美餐。

最大的恐龙是震龙，身长有 39~52 米，身高为 18 米，体重达 130 吨。细颚龙是迄今为止发现的最小的恐龙，身长只有 60 多厘米，如果不算那条又细又长的尾巴，它只比鸡大一点。

1. 恐龙生活在（　）。

A. 中生代　B. 新生代

C. 白垩纪

2. 大型的肉食恐龙吃（　）。

A. 植物　B. 小型肉食动物

C. 植食恐龙

合川马门溪龙——脖子最长的恐龙

生活在 1.4 亿年前的侏罗纪晚期的合川马门溪龙（发现于中国四川合川县），是巨大的蜥脚类恐龙的一种。它们身高 3 米，身长约 10 米，是恐龙中脖子最长的。虽然它们的长脖子看起来很有弹性，但是实际上只有在采食树叶时，它们的脖子才会稍微弯曲一下。

答案：1.A　2.C

79. 长颈鹿为什么不会叫？

野生动物一般都能发出叫声，长颈鹿虽有长长的脖子，却没有叫声，难道长颈鹿是“哑巴”？其实，长颈鹿也会叫。那么，为什么它们没有叫过呢？

这是因为长颈鹿的声带很特殊，在它的声带中间有个浅沟，发声很困难。发声一般需要靠肺部、胸腔和膈肌的共同作用，但是长颈鹿那长长的脖子，使得这些器官之间的距离太远，叫起来很费事，所以，它们平时就不叫了。在长颈鹿小的时候，如果找不到妈妈了，它们还是会叫几声的。

长颈鹿的脖子有很多好处呢！长脖子对于长颈鹿来说，是它们用来警戒放哨和寻求食物的好方法；同时，长颈鹿生活在热带地区，还要靠它的长脖子来散热呢。长颈鹿的颈部有很长的颈椎骨，由比人手臂还粗的肌肉支撑着；其前额有一块很坚硬的角状头盖骨，这样长颈鹿的长颈就相当于强大的铁臂，头部就成了无坚不摧的铜锤，谁也难以抵挡。

想一想

1. 长颈鹿（　）声带。

A. 不一定有　B. 有　C. 没有

2. 长颈鹿的声带很特殊，在它的声带中间有个（　）。

A. 浅沟　B. 回沟　C. 沟壑

长腿的困扰

长颈鹿每次饮水时，都必须把前面两条腿叉开伸向两侧，或者跪在地上，显得十分吃力。所以每饮一次水它们都要起身4~6次来休息，同时还要观察四周是否有敌害逼近。因此，群居在水边的长颈鹿通常不会同时喝水。

答案：1.B　2.A

80. 为什么水牛爱浸在水里?

牛的种类很多，主要分为野牛与家牛两类，而家牛中又有黄牛、水牛、牦牛和奶牛等几种。在我国南方最常见的是水牛，它身强力大，皮肤黝黑，喜欢把自己泡到水里。黄牛个头比较小，在我国北方比较常见。

水牛是体温恒定的动物，天生皮厚体肥，但汗腺却不发达，不能利用汗腺散热来降低体温。在天气炎热的时候需要利用外界条件把体温降下来，最好的办法就是泡到水里，借助水温来降低体内的温度。

水牛的祖先生活在热带、亚热带地区，那里气温高、湿度大，天气一热水牛就受不了。特别是活动后，身体更是燥热，它就更喜欢把自己浸到水中了。水牛的这种做法还有一个好处，那就是避免了蚊蝇的叮咬。

为什么犀牛的角特别锋利?

交配期间两只雄犀牛发生争执时，双方就用角来攻击，达到占有配偶的目的。犀牛角在遇敌来袭时，威力更加强劲。犀牛的角十分巨大，最长可达1.58米，角直长而尖锐，像把锋利的尖刀。犀牛的角长在脸部中间比其他动物长在前额的两只角更能使得出劲，它尖直的角比盘曲或多叉的角更锋利。

想一想

1. 水牛的(　　)不发达，不能散热。

A. 鼻子　B. 汗腺　C. 皮肤

2. 水牛的祖先生活在热带、亚热带地区，那里气温高、(　　)大。

A. 湿度　B. 太阳强度　C. 热度

答案：1.B　2.A

81. 为什么说大熊猫是国宝?

我们常说大熊猫是国宝，这是为什么呢?

大熊猫是生物学家们研究古代生物的活化石，因为它经过了上千万年，却没有发生什么变化。在数十万年以前，大熊猫非常繁盛，遍布我国的许多地区，甚至缅甸北部也有少量分布。然而大熊猫成熟比较晚，对配偶有选择性，繁殖周期很长，每胎产仔数少，所以数目日益减少。目前世界上只有我国才有大熊猫，是我们需要特别爱护的动物；同时它的圆脑袋上长满白色的毛，有一对圆圆的耳朵，大眼睛的周围是一圈黑色的毛，像是戴了一副墨镜，四条短粗的黑腿走路慢腾腾的，性格比较温和，姿容可掬，行动逗人喜爱。它不仅是中国的“国宝”，而且还被世界野生动物协会选为会标，并常常担当中国的“和平大使”，远渡重洋，出使美国、英国和日本等国家。

1. 大熊猫（　）的周围是一圈黑色的毛，像是戴了一副墨镜。

A. 嘴巴　B. 耳朵　C. 眼睛

2. 目前世界上只有（　）才有大熊猫，是我们需要特别爱护的动物。

A. 中国　B. 英国　C. 美国

大熊猫的流浪生活

大熊猫性情孤僻，喜欢独居，昼伏夜出，没有固定的居住地点，常常随季节的变化而搬家。春天它们一般待在海拔3000米以上的高山竹林里，夏天迁到竹枝鲜嫩的阴坡处，秋天搬到2500米左右的温暖的向阳山坡上，准备度过漫长的冬天。

答案：1.C　2.A

82. 黑熊为什么又叫熊瞎子?

黑熊的头很宽，嘴巴很大，两只耳朵又大又圆，有点像狗，因此人们叫它狗熊。

黑熊的身体肥胖而笨重，所以又叫“笨狗熊”，它的四肢比较粗壮，有五指，趾端有爪，足后有肥厚的肉垫。黑熊的主要食物是昆虫和植物的嫩芽、叶子、种子，它尤其喜欢吃蜂蜜，常常为了吃到蜂蜜而捅蜜蜂窝，最后被蜜蜂追着乱蜇。黑熊的性格比较孤僻，而且视力很差劲，看不清东西，有时候什么都看不见，因此人们又叫它“熊瞎子”。经过人工训练的黑熊还可以表演杂技，它会用两条后腿直立，两条前腿抱拳，做出作揖的样子来，逗人发笑。

据说熊很笨，它们在捕捉小动物的时候，如果遇到了一窝，就会一个接一个地捉来，塞到腋下。尽管塞了后面一个又掉了前面一个，但是笨熊却仍然往腋下塞，到最后，它的腋下只有最后那只小动物。

1. (　)的头很宽，嘴巴很大，两只耳朵又大又圆，有点像狗，所以人们叫它狗熊。

A. 黑熊　B. 熊　C. 北极熊

2. 黑熊尤其喜欢吃(　)。

A. 蜜蜂　B. 昆虫　C. 蜂蜜

马来熊与黑熊有什么区别?

马来熊与黑熊虽然相似，但是这两种熊并不难区分：一是马来熊的胸部有一个新月形白斑，而黑熊的胸部有一块“V”字形白斑；二是马来熊个头小，黑熊个头大；三是马来熊的耳朵小，黑熊的耳朵大；四是马来熊体毛短而亮，黑熊的体毛长。

答案：1.A　2.C

83. 白熊为什么是北极动物之王？

在北极的冰原上，白熊是动物之王，由于它只生活在北极，所以也称为北极熊。北极熊身体庞大，最大的北极熊身长达3米，体重达到700千克。北极熊比黑熊大得多，身上的毛也比较厚密。它全身长有白毛，只有鼻尖有一点黑色，这是它的天然保护色。北极熊头扁颈粗而长，耳朵很小，两只圆圆的眼睛闪闪发光；它的爪子肥大，脚掌上还生有一层很厚的密毛，这使它在雪地上行走时不至于滑倒。在北极浮冰上到处都可以看见它们追逐嬉戏，或者斗殴撕咬，捕杀弱小的生物。

北极熊是不折不扣的冬泳健将，可以一口气在北极冰冷的海面上游40千米。北极熊的大前爪最适合用来划水，它们的脖子比其他种类熊的长，便于在游泳时将头和肩膀露出水面。

北极熊用后腿站起来跟大象差不多高，它们的力量极大，对付100千克重的海豹，常常像老鹰捉小鸡一样，把它们从冰洞中拖出来，用肥大的熊掌将海豹的脑袋拍碎。

1. 白熊只生活在（　）。

A. 赤道　B. 北极　C. 南极

2. 北极熊的全身长有白色的毛，只有（　）有一点黑色，是它的天然保护色。

A. 鼻尖　B. 耳朵　C. 眼睛

北极狼

北极狼生活在加拿大北端的埃尔斯密尔岛的冰原上，全身灰白色，身高约70厘米，体重约为80千克，主要捕食麝牛、北极兔、海豹、旅鼠和鸟类。北极狼的嗅觉灵敏，能准确判断几千米外猎物的位置。

答案：1.B　2.A

84. 华南豹为什么又叫金钱豹?

动物园中的豹子有华南豹、华北豹，还有朝鲜豹，其中华南豹又叫金钱豹。华南豹的体格比老虎小，而且比老虎瘦，身长 90~110 厘米，尾巴长 75~80 厘米，体重为 40.5~70 千克。华南豹的头圆，眼睛大，耳朵短圆且直立，四肢短，全身为深黄色。由于它的头部和背部长有许多黑色的圈圈，很像我国古代的铜钱，所以才叫它金钱豹。金钱豹产在我国的南部、西南部以及东南亚等地，属于一级保护动物。金钱豹能在丛林、森林、山区和丘陵地带生活，和老虎一样喜欢在夜间活动。

华南豹在江南诸省的种群数量还相当多，由于人的过量捕杀，豹的种群数量急剧下降，长期的过度猎捕是主要原因；栖息地的破坏是豹数量剧减的另一个重要原因；种群过小且相互隔离，导致种群退化，也是致危原因。

1.（　）又叫金钱豹。

A. 朝鲜豹　B. 华北豹　C. 华南豹

2. 华南豹的头部和背部长有许多黑色的圈圈，很像我国古代的铜钱，所以才叫它（　）。

A. 朝鲜豹　B. 华北豹　C. 金钱豹

华南豹怎样储存食物？

为了避免狼和鬣狗的打扰，与世无争的豹总是把食物拖到树上后再吃，吃不完也会储存在树上，等到下次再吃。当它们找不到食物时，可以忍受数天的饥饿。豹的力气很大，能把一只比自己身体重一倍的猎物拖到树上。

答案：1.C 2.C

85. 蛇毒为什么比黄金昂贵？

毒蛇的口腔里有毒，是因为它的牙齿的基部连着毒腺。当它咬住别的动物的时候，相关的肌肉就会收缩挤出毒液，并通过牙齿排出。人畜一旦被毒蛇咬住，轻则得病，重的就会丧命。但是，科学家们经过研究发现，蛇毒有着很高的医用价值，在市场上比黄金还贵呢！

在古代，人们都是用一些中草药来对付蛇毒，由于蛇毒的类别很多，所以，有时候效果不是很明显。19世纪以来，人们用蛇毒血清来抗蛇毒，而蛇毒正是蛇毒血清的原料。

前不久，科学家们还发现蝰蛇的蛇毒能治疗各种出血病；从蝮蛇的蛇毒中提炼出来的精氨酸酯酶，对由于脑血栓带来的偏瘫、心绞痛等后遗症有显著的治疗作用。由于蛇毒在医疗方面有着越来越重要的作用，而蛇毒却只能一点一点地从毒蛇身上获取，所以，蛇毒自然就珍贵了。

1. 毒蛇的口腔里有毒，是由于它的（　）的基部连着毒腺。

A. 舌头　B. 牙龈　C. 牙齿

2. （　）世纪以来，人们用蛇毒血清来抗蛇毒，而蛇毒正是蛇毒血清的原料。

A. 17　B. 18　C.19

剧毒无比的珊瑚蛇

珊瑚蛇有着美丽的外表，可爱的体形，但是这一切都只是惑人之相，大部分的珊瑚蛇都身负剧毒，故有俗话说：“红环接着黄环，咬上一口就完。”它们的毒已经被列为最毒的一种蛇毒，属于神经性毒液。一条珊瑚蛇的毒，可以轻而易举地让一个成年人丧命。

答案：1. C　2. C

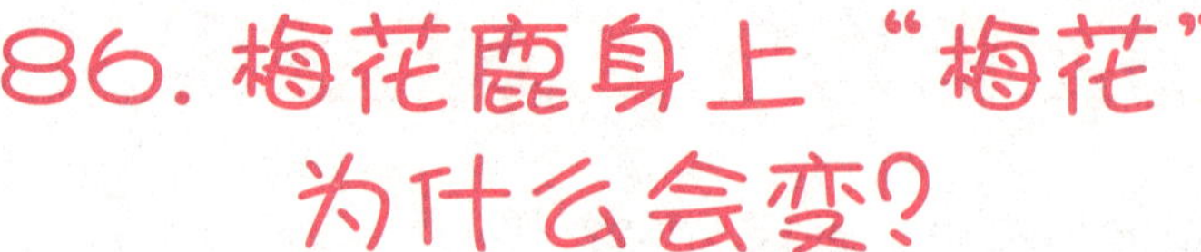

在春夏之交，梅花鹿皮毛的白色素特别多，会形成白色的毛。由于这时整个身上的毛都比较薄，这些白色的毛形成的白斑就很明显，可以清楚地看到它身上像梅花的花纹。到了秋季末期，梅花鹿就开始换毛，由于白色毛的减少，整个毛的底色比较浅，并且换上的毛又长又厚密。所以，冬天的时候梅花鹿身上的“梅花”就不那么明显了。

等到来年春天来了，梅花鹿换上了有梅花图案的棕红色夏装。它们经常用嘴将毛发舔得油亮而又整齐，但是秋天里又换上了灰色的冬装后，雄鹿就常将自己弄得一身泥，这是雌鹿最喜欢的颜色。

其实，许多动物的毛在一年当中都是要随着季节来换的。到秋天的时候，动物换上厚厚的绒毛，就不会怕严冬的冷风了；到了春暖花开的时候，它们就换上薄薄的毛，到了夏天也不会怕热了。这是动物在长期的生活中，为了适应周围环境的冷热变化，而采取的保护自己的手段。

1.（　）时候，梅花鹿身上的梅花比较明显。

A. 春天　B. 夏天　C. 春夏之交

2.（　）时候，动物会换上厚厚的绒毛。

A. 春天　B. 夏天　C. 秋天

梅花鹿怎样争夺王位?

到了发情季节，雄梅花鹿之间就会进行激烈的求偶决斗，胜者为王，独霸雌梅花鹿群并统治雄梅花鹿群。但它们的王位很不稳定，常常被新王替代。雌梅花鹿常年独居。雄梅花鹿平时独居，发情季节归群，吼叫着，不时地排出尿液，来攻击敌人或“情敌”。

答案：1.C 2.C

87. 为什么不能把狼都消灭掉?

狼与狗大小相仿，但可以从长相上把它们分辨出来。狼的耳朵是竖立的，而尾巴是下垂的，与此相反，狗的耳朵却是下垂的，尾巴是向上卷着的。狼身上的毛为黄灰色，嘴巴尖尖的，而且很宽大，两只眼睛倾斜着，放出吓人的凶光；狼是肉食性动物，吃小动物，有时候到农民家里偷吃小鸡、小兔、小羊等家畜和家禽，甚至叼走小孩。

狼在小说和神话故事里面都是一种让人讨厌的动物，是人类比较痛恨的动物，那么，为什么不把它们都消灭光呢？首先狼非常机警，而且成群行动，当其中一只遇到人类或其他动物时，就会发出嚎叫声招呼其他同伴援助，往往是上百只狼合围进攻。但是狼对人们还是有用的，它的皮毛可以做大衣，非常暖和，狼油可以做中药，肉可以食用，此外，狼可以吃掉一些破坏森林和草原的野兽，保持生态平衡。

狼怎么处理自己身上的伤口？

在苏尼特传说中，流传着受伤的狼会自己找到草药的传说。其实狼在受伤后，会用舌头舔自己身上的伤口，或它的同伴会帮着舔。这是因为狼的唾液中有一种杀菌的物质，同时还有一定的消炎作用。

答案：1.B 2.C

1. 狼的耳朵是（ ）的。

A. 平行　B. 竖立　C. 下垂

2. 狼一般为（ ）色。

A. 棕黄色　B. 暗黄色　C. 黄灰色

88. 苍蝇和蚊子是怎样过冬的？

夏天的时候，苍蝇和蚊子到处乱飞，传播疾病。可是一到冬天，它们全都不见了，是不是都被冻死了呢？当然不是，它们也开始过冬了。一般来说，苍蝇在北方大多数以蛹过冬，少数以幼虫或成虫过冬；而在南方，一般以蛹和幼虫过冬，也有的以成虫过冬。

蛹是幼虫变的，它有一层较硬的外壳，可以保温。况且，它一般在有粪便、垃圾堆等地方的土表下面，这里温度比较高，不会冻坏；等春天天气暖和时发育成苍蝇，从地表钻出来。在北方一般都不是以幼虫过冬的，因为它只有一层薄薄的皮，抵御严寒的能力不强。而在南方，由于比北方温暖，它们就待在粪堆或其他孳生物里面不动，等到春天再化成蛹，最后变成苍蝇。成虫过冬时静静地伏在屋檐、围墙、牲口圈、厕所等背风向阳的地方，不吃也不飞。

蚊子的过冬方式很多，有的以卵过冬，有的以幼虫过冬，还有以受孕的雌蚊过冬。

想一想

1. 一般来说，苍蝇在北方大多数以（　）过冬。

A. 蛹　B. 成虫　C. 幼虫

2. （　）是幼虫变的，它有一层较硬的外壳，可以保温。

A. 成虫　B. 蛹　C. 苍蝇

为什么苍蝇能传播疾病？

苍蝇进食时，一边吃，一边排泄，这样就把它肚里活着的病菌、虫卵排到人们清洁的食品上。苍蝇的身上，腿上有许多毛，这使它们停在脏东西上时很容易沾上大量的病菌，有时一只苍蝇带菌高达几百万之多。苍蝇传病能力很强，而且传播的病种较多。

答案：1.A　2.B

89. 瓢虫是益虫吗?

瓢虫有黄豆大小，像个半圆球，长着坚硬的翅膀，颜色鲜艳很漂亮，俗称花大姐。瓢虫有二星、六星、七星、十一星、十二星、十三星、二十八星等很多种类。它们有的是益虫，比如二星、六星、七星、十二星、十三星瓢虫等；有的是害虫，比如十一星、二十八星瓢虫等。

有益的瓢虫以蚜虫、介壳虫、壁虱等害虫为食。瓢虫的幼虫也是以害虫为食的，瓢虫特别爱吃蚜虫，一天能吃 100 多条蚜虫呢！大红瓢虫和澳大利亚瓢虫能把自己的卵产在介壳虫的卵壳上，或者介壳虫身体外面的蜡膜上，幼虫孵化出来以后，就以介壳虫的卵和幼虫或它们的内脏为食。瓢虫有两层翅膀，上面的一层是鞘翅，坚硬而且漂亮，起保护作用。鞘翅下面是一对柔软而薄薄的翅膀，用来飞行。

瓢虫的集体迁飞习性

瓢虫有着集体迁飞的习性，在我国五六月间，北方地区都会有成群的瓢虫聚集起来，有时局部海岸被密密麻麻的虫体覆盖，使海岸呈现美丽的淡红色，有时甚至连海面上都会被这些成群的瓢虫所染红，煞是壮观。

1. 大红瓢虫和澳大利亚瓢虫把自己的卵产在（ ）的卵壳上。

A. 蚜虫　B 介壳虫　C. 壁虱

2. 瓢虫最喜欢吃（ ）。

A. 蚜虫　B. 介壳虫　C. 壁虱

答案：1. B　2. A

90. 蝴蝶只吸花蜜吗？

一般人以为蝴蝶和蜜蜂一样，只吸食花蜜，事实上这是不正确的。蝴蝶的种类不同，它们各自的摄食习性也不一样。不仅如此，吸食花蜜的蝴蝶都有自己独特的“口味”，它们只吸食特定植物的花蜜。

比较常见的菜粉蝶只吸十字花科植物的花蜜，而蓝凤蝶则喜欢吸百合科植物的花蜜,豹蛱蝶则喜欢吸食菊科植物的花蜜。但是，还有一些蝴蝶并不吸食花蜜。人们经常可以看到竹眼蝶在发酵了的无花果上吸食汁液，淡紫蛱蝶比较喜欢吮吸树木的蛀孔里面流出来的酸浆，而华南双尾蛱和赭色樟蛱蝶等吸食人粪尿，朴喙蝶和海南蓝灰蝶吸食马粪汁，冬青小灰蝶嗜吸牛粪液，白斑薯弄蝶和华北谷弄蝶等喜欢取食小溪中巨石上的白色鸟粪。有人在西双版纳的丛林里还发现了几只热带蓝灰蝶，它们聚集在一块腐臭了的兽骨上吸食腐肉的汁液。

为什么有的蝴蝶被称为数字蝶？

数字蝶生活在热带地区，因其后翅背面有类似阿拉伯数字88的花纹，而常常被称为88蛱蝶。它们的翅膀上表面呈淡棕色。世界上有近40种蝴蝶与88蛱蝶有亲缘关系，多数生活在南美洲的热带雨林中。

1.（　）只吸十字花科植物的花蜜。

A. 蓝凤蝶　B. 菜粉蝶　C. 竹眼蝶

2. 人们经常可以看到（　）在发酵了的无花果上吸食汁液。

A. 蓝凤蝶　B. 菜粉蝶　C. 竹眼蝶

答案：1.B　2.C

91. 为什么蛇能吞下比它头大得多的食物?

蛇能吞象吗？当然不可能。“蛇吞象”是讽刺那些贪心不足而不自量力的人。然而蛇却能吞下比自己的头大得多的动物，专家发现蝮蛇能吞食比它的头大十来倍的鸟儿，在我国海南岛的蟒蛇竟然能吞食整头小羊和小牛！就是一般的蛇也能吞食比自己的脑袋大的动物。

蛇的嘴巴和其他的动物不同，蛇嘴巴的夹角能张大到 130°，而人类的嘴巴的夹角只有 30°，这和它的头部的骨骼有关。蛇类头部接连到下巴的几块骨头是可以活动的，不像别的动物那样固定，这样它的下巴就可以向下张得很大。蛇的嘴巴两边的骨头可以连接成活动的榫头，可以向两侧张得很大，而且左右都不受限制。如此一来，它就可以吞食比它嘴巴还要大的食物了。

想一想

1. 蛇的嘴巴的夹角能张大到（　）。

A. 110°　B. 120°　C. 130°

2.（　）是讽刺那些贪心不足而不自量力的人。

A. 蛇吞象　B. 画蛇添足　C. 虎头蛇尾

蟒蛇的天敌是什么?

蟒蛇虽体大力强，但属于无毒蛇，不咬人，一般在进食以后行动不便。它们看起来虽然令人恐怖，但是也有畏惧之物，例如某些植物（如葛藤、草苫等）和某些特殊的气味。据说，蟒蛇还怕汗臭，遇到蟒蛇时将脏臭的内衣投去，也能使蟒蛇伏地就擒。

答案：1.C 2.A

92. 为什么企鹅可以找到回家的路?

每年南极的极昼来临时，企鹅便会带着子女离开家乡，到遥远的海洋去觅食。在往返的途中，它们还要穿越没有任何标志的冰原，但它们从来不会迷路。难道它们体内有指南针吗?

两位美国动物学家针对这一问题，做过这样的实验：他们把企鹅放到离它们的故乡几百千米的洞穴中，把洞穴盖上盖子，企鹅一开始是茫然地转来转去，但它们很快就会把头转向北方。

通过不断的实验，科学家们发现：企鹅体内的“指南针”是根据太阳定向的。当乌云遮住太阳的时候，企鹅就会迷失方向。但是太阳的方位一年四季都是变化着的，企鹅又怎么能准确地找到北呢? 有人认为，南极大陆向北的地方都是海洋，企鹅 11 月离开家到海洋觅食，当它们来年 2 月返家时，只要掉转 180° 就行了。这样天长日久，就形成了习惯。

企鹅会游泳吗?

企鹅的身体大多是扁平的，腿较短，脚趾间有蹼，游泳时起到舵的作用，前肢变成鳍状，能推动身体迅速前进，看起来像鱼雷一样在海洋中“飞翔”。而且它们还会像海豚一样跃出水面，起伏疾驶，以保证它们在不降速的情况下呼吸。

想一想

1. 企鹅的体内有（　），不管在哪里都能找到回家的路。

A. “指南针”　B. 钟表　C. 脂肪

2. 企鹅是根据（　）辨别方向的，所以阴天时它们就找不到方向。

A. 月亮　B. 树木　C. 太阳

答案：1.A 2.C

93. 信鸽为什么能认得家？

鸽子善于长途飞行，而且不会迷路。有人把信鸽带到很遥远的地方，放飞后，它能准确地飞回家里。这种能力叫归巢能力，信鸽的归巢能力特别强。所以，自古以来，人们就用鸽子在航海、捕鱼和军事上担负通信工作，即使在科学发达的今天，信鸽依然被用来传递军事情报。

科学家们在长期的研究中发现，鸽子除了拥有一般鸟类飞行的特点外，还能依靠两眼之间的突起，在长途飞行中测量地球磁场的变化，它们就靠这种磁场变化来辨别方向。而且，鸽子除了利用地球磁场来导航以外，还会利用生物钟由于太阳而移动的原理进行校正，检测偏振光，从而选择方向，只要不是阴雨天，都能利用太阳来辨别方向。所以，鸽子能从遥远的地方飞回自己的家，是由于它具有多种辨别方向的手段。在天气晴朗的时候，就利用太阳光来指示方向；在阴雨天，鸽子无法知道太阳的位移，可以按照地球磁场来导航。除此以外，有的科学家则认为鸽子还能利用气味来寻找方向。

1. 信鸽能利用（　）辨别方向。

A. 地球磁场　B. 指南针　C. 罗盘

2. 在晴天，信鸽可以用（　）辨别方向。

A. 云　B. 月亮　C. 太阳

惊人的飞行记录

鸽子每天可以飞行约1000千米。1845年，一只鸽子从非洲起飞，55天后因疲劳过度，死在伦敦附近离鸽棚只有1500米的地方，它至少飞行了8700千米，创造了惊人的飞行记录。

答案：1.A 2.C

94. 为什么老鹰能在高空中看见地上的小动物?

在鸟类中，老鹰是当之无愧的“鸟中之王”。

老鹰在 2 ~ 3 千米的高空飞翔时，能清楚看到地面上的田鼠和野兔，甚至连在地上啄食的小鸡都能发现，这些小动物一旦被它发现，就很难逃脱它的利爪。老鹰的视力为什么这么好呢?

原来，鹰的眼睛中有两个中央凹，一个专门看正前方，另一个专门看侧面，这样眼睛就扩大了视力范围；并且老鹰的每个中央凹内用于看东西的细胞都比我们人类的多出六七倍。所以，它比其他动物都看得远，也看得更清楚。

老鹰飞翔的本领很大，有时候不扇动翅膀也能飞翔。在有山的地方，往往可以看见老鹰从山顶飞下来，在一个地方盘旋，而后就“悬”在空中。这是它利用一股上升气流的结果，在它升到一定的高度以后，就会失去上升气流对它的支持，就开始向下滑翔了。

1. “鸟中之王”是（　）。

A. 老鹰　B. 麻雀　C. 鸵鸟

2. 老鹰的眼睛里有（　）个中央凹。

A. 1　B. 2　C. 3

游隼和飞机谁飞得快?

游隼是世界上飞得最快的鸟之一，它们的飞行速度是非常惊人的，每小时能飞 140~360 千米。据说，美国曾有一名经验丰富的飞行员驾着飞机，以每小时 250 千米的速度在高空飞行时，竟被一只疾飞的游隼后来居上并远远超过了。

答案：1. A　2. B

95. 鸟睡觉的样子是怎样的？

鸟类和人类一样也是要睡觉的，而且它们还有很好的“午休”习惯呢！到晌午的时候，水里的天鹅、鸳鸯和许多雁鸭把头弯向背里埋到羽毛底下，在水面上悠闲地漂流，而岸边的鸭雁和天鹅以及鹳、鹤、鹭等，都是单脚伫立闭目养神。

鸟儿在睡觉时，每隔一会儿睁一下眼睛，窥视四周的动静，保持警惕，免遭敌人的袭击。鸟类学家把鸟儿们这种似睡非睡的状态叫作“窥视”。鸟类学家们观察发现，鸟类每分钟睁 10 次眼，如果附近有敌人，它们每分钟则要睁 30~40 次眼呢！而它们的睡眠效果却仍然跟人熟睡差不多！

晚上大多数鸟类除了育雏孵卵的时候在窝里睡觉以外，一般都是在草地、灌木丛和森林中过夜的。最有意思的要数猫头鹰了，它是白天休息、晚上工作的飞禽。白天的时候，它们就站在树梢上，睁一只眼，闭一只眼，那是它在睡觉，这可是它独有的睡觉姿态。到目前为止，还没有人知道鸟类一天要睡多长时间。

1. 鸟类一般不在（　）睡觉。

A. 森林　B. 鸟窝　C. 草丛里

2. 睁一只眼，闭一只眼，是（　）独有的睡觉姿态。

A. 鸳鸯　B. 天鹅　C. 猫头鹰

为什么鸟会飞？

飞是鸟的一种生存技能。首先，鸟的身体呈流线型，可减少阻力，又有羽毛，利于飞翔。另外，鸟的骨骼都有空腔，既轻又坚固，尾巴又起到平衡和控制方向的作用。有了这些有利条件，鸟类就可以在蓝天上飞翔。

答案：1.B 2.C

96. 丹顶鹤的丹顶有毒吗？

丹顶鹤的丹顶是腺体前叶分泌的激素而产生的，丹顶鹤的幼鸟是没有丹顶的，只有成熟后，丹顶才会出现，这是一种生理现象。

丹顶鹤的丹顶大小和色度并非一成不变，从季节来看，春季时丹顶的红色区域较大，而且色彩鲜艳；冬季则较小。从情绪来看，轻松时丹顶的红色区域较大，色泽鲜艳；恐惧时则较小。从身体状况来看，健康时丹顶的红色区域较大；生病时则缩小，表面还略呈白色。当丹顶鹤死后，丹顶就会渐渐褪去红色。

有人曾经做过试验，在小动物的食物中加入丹顶鹤的“丹顶”细屑，小动物们吃了以后并没有任何异常的反应，这说明丹顶鹤的“丹顶”并没有剧毒。那么，古人所说的“鹤顶红”到底是什么物质呢？其实那是红色的砒霜，“鹤顶红”只是砒霜的名字，并不是指真的丹顶。

想一想

1. 丹顶鹤的幼鸟（ ）丹顶。

A. 有　B. 没有

2. 丹顶鹤的丹顶会随着季节、情绪和身体健康状况的不同而变化，它是（ ）毒的。

A. 有　B. 没有

为什么丹顶鹤被称为“仙鹤”？

丹顶鹤在空中飞翔时，头、颈和细长的腿都伸得笔直，前后相称，十分闲适自得，使它充满“仙”韵。丹顶鹤的寿命可达五六十年，这在鸟类中是长寿的。我国民间传说中，仙人总是以丹顶鹤为伴，驾着祥云飘忽而来，一路高歌前行，因而丹顶鹤也就有“仙鹤”之称了。

答案：1.B　2.B

97. 猫头鹰为什么是“夜间猎手”？

猫头鹰是一种在夜间活动的鸟，嘴和爪呈钩状，十分锐利，两只眼睛位于正前方，眼四周的羽毛呈放射状，周身羽毛多数为褐色并有许多细细的斑点，眼睛的视网膜里有许多圆柱状感光细胞，感光非常灵敏。白天强烈的阳光使它的眼睛不适应这种强烈的刺激，而且白天的飞行动物中有它的天敌，所以为了防范敌人，它们的两只眼睛只好轮流休息。

猫头鹰的视力集中，能清楚地分辨景物的前后距离，帮助它在黑夜里确定捕捉目标。它的视力虽然很好，但是眼睛却不会动。如果猫头鹰想看看四周，唯一的办法是转头：它的脖子能转 180° ，而且转得非常快。猫头鹰耳朵的耳孔很大，耳壳发达，地面上一些小动物活动时发出的细微声音，都能听到。它的羽毛柔软，飞起来轻盈得像一阵微风。由于猫头鹰只能在夜间活动，所以人们都称它为“夜间猎手”。

1. 猫头鹰（　）出来飞行寻食。

A. 白天　B. 夜晚　C. 阴天

2. 猫头鹰吃（　），保护庄稼，防止瘟疫的传播。

A. 蚊子　B. 田鼠　C. 蛇

猫头鹰真会带来灾害吗？

猫头鹰是对人类有益的鸟类。它在抓田鼠、保护庄稼的同时，也避免田鼠给人类传播瘟疫，所以说我们要保护猫头鹰。民间流传的那种“猫头鹰会带来灾祸”的说法是没有科学根据的。

答案：1.B 2.B

98. 鲤鱼为什么会跳水?

“鲤鱼跳龙门”，常常用来形容一个人进入了更高的社会阶层或地方。其实，鲤鱼真的很喜欢跳跃，有的甚至能跳出水面1米多高呢!

人们发现，鲤鱼跳水是周围环境的变化引起的。当有敌人突然袭击，或者前面路途中遇到障碍时，鲤鱼就会跳跃起来。有时候，鲤鱼为了迅速捕捉到食物或者受到突然的恐吓，也会跳出水面。

有一种叫“跳白”的捕鱼方法，就是在小船底部涂上白色，在船上点一盏灯，灯光照在水面上。白色的船底就像镜子一样能反射光线，把灯光反射到水底，水下的鱼儿就会由于受到惊吓而跳到船上。另外，鱼如果到了快生殖的时候，身体里会产生一些能刺激神经的东西，由于这种生理上的变化，鱼儿也特别喜欢跳跃。还有人发现鲤鱼一般喜欢在黄昏的时候跳跃，因为它们生性比较活泼。

想一想

1.（ ）是一句俗语，常常用来形容一个人进入了某种更高的社会阶层或地方。

A. 鲤鱼跳龙门 B. 狗急跳墙 C. 佛跳墙

2. 许多鱼到了快（ ）的时候，身体里会产生一些能刺激神经的东西，由于这种生理上的变化，鱼儿也特别喜欢跳跃。

A. 呼吸 B. 死亡 C. 生殖

为什么鱼会有腥味?

鱼都有腥味，这是怎么回事?原来，鱼的皮肤里有一种黏液腺，黏液腺分泌出的黏液里有一种有腥味的东西，叫甲胺，甲胺很容易挥发到空气里，于是，人们就闻到了鱼的腥味。

答案：1.A 2.C

99. 在海洋中谁最凶猛？

鲨鱼有 250 多种，是海洋鱼类最为恐怖的“恶魔”，它生性残忍，以食鱼为主，也吃海豚、海豹和企鹅，但大多数鲨鱼并不袭击人类。只有大白鲨、蓝鲨、虎头鲨吃人。最可怕的是大白鲨，它有 12 米长，吃人对它来说是很平常的事情，甚至连巨大的海象也能一口吞下。

鲨鱼形体扁长，前宽后窄，呈流线型，尾巴竖立，皮肤坚实，生有斑点和花纹。鲨鱼的嘴巴大得出奇，有三角形牙齿，从前至后依次排列，牙齿边上还长着细小的锯齿，锋利异常，能把任何生物咬碎。鲨鱼在撕咬猎物时，一些尖锐的牙齿会脱落，这是因为这些牙齿不是长在颌内，而是长在皮肤里的。旧的牙齿脱落了，又会有新的牙齿来替代。有些鲨鱼在一生中要脱落、更换 3 万多颗牙齿。

为什么说鲨鱼是海洋清洁工？

鲨鱼号称“海中之狼”，嗜肉成性，但主要捕食海洋中衰老和患病的鱼类。所以，海洋中不能没有鲨鱼，正是鲨鱼这种特殊的“海洋清洁工”吞食了那些染病的鱼，才保证了海洋的“健康”与大海的生机。

想一想

1.（　）是海洋里最凶猛的动物。

A. 带鱼　B. 乌贼　C. 鲨鱼

2. 在鲨鱼中，最可怕的是（ ）。

A. 虎头鲨　B. 大白鲨　C. 蓝鲨

答案：1.C　2.B

100. 现在的类人猿有可能变成人吗？

灵长类动物是所有哺乳动物中进化程度最高的动物，包括长臂猿、猩猩、黑猩猩和大猩猩。它们通常都是十分灵活的爬树能手，长着长长的四肢和灵活的手指、脚趾；大脑袋上长着宽宽的、超前的眼睛。古猿是它们和人类共同的祖先，所以它们在血缘和外形与人类都很接近。那么，现在的类人猿可能再进化成人吗？

据科学家研究发现，几百万年前，古猿由于物竞天择的压力和基因突变，分别进化为现在的人类和类人猿两个物种。人类的进化是漫长的，从直立行走，到手和脚的分工，再到语言和文字的出现，然后是大脑的发展，最后才逐渐形成了现代人。

现在的类人猿还生活在大森林里，过着小家庭的生活，因为没有社会生活就无法进行交流，更无法产生语言和文字，所以它们的这种生存方式，决定了它们不可能进化成人类。

为什么大猩猩爱捶打胸脯？

大猩猩经常会做这样的动作：双手拼命捶打自己的胸脯，还“呼哧呼哧”地喘大气。人们见到这副可怕的模样，往往会被吓坏。其实，这是大猩猩在向对手显示勇猛。如果你不去惹它，它绝不会主动攻击你的。

1. 在动物界，除了人类外的最高等动物是（　）。

A. 鹦鹉　B. 狮子　C. 类人猿

2. 人类和类人猿共同的祖先是（　）。

A. 猩猩　B. 古猿　C. 猿人

答案：1.C　2.B

101. 猴和猿有什么不同之处?

我们经常把猴和猿均称为猿猴，其实猿和猴有很大的区别。猴有尾巴，猿没有；猴的后脚比前脚长，猿则相反；猴子走路时前脚掌着地，猿则是以指节着地或双手高举；猴的脸上有颊囊，采食时可以将食物暂时存在颊囊中，猿的脸上则没有；猴小臂的毛是往手掌方向顺着长的，而猿则是向外横着长的。

长臂猿和猩猩属于猿，长臂猿动作特别敏捷，它能利用双臂的交替摆动在树上跃起数十米，速度非常快，它甚至可以在空中抓住飞鸟。

我们经常看到猴子之间经常互相抓搔身子，其实是在抓对方身上的盐粒。猴子平常吃的食物里含盐很少，身上出汗的汗水蒸发后，盐分便同皮肤和毛根上的污垢一起结合成盐粒，当猴子觉得盐分不足时，就在对方身上找小盐粒吃，看起来好像是在给同伴捉虱子一样。

为什么说黑猩猩是最聪明的动物?

黑猩猩在所有动物中身体构造同人类最接近，而且黑猩猩的大脑半球比较发达，表面上的褶皱也比较多。驯养的黑猩猩可以学会做简单的动作，如用餐具进食，用铲子挖土，甚至会坐上儿童用的三轮自行车骑几圈，因此说，黑猩猩是动物界中最聪明的动物。

答案：1.A　2.B

1. 猩猩属于（　）。

A. 猿　B. 猴　C. 猿猴

2.（　）的脸上有颊囊。

A. 猿　B. 猴　C. 猿猴

102. 猴王是怎么选出来的？

猴子是群居动物，不管在自然界还是动物园中，猴子都是几十只甚至几百只地集群活动，而在一个猴群里，肯定有一只身强体壮的公猴担任“猴王”。

在猴群中，除了猴王就是母猴和幼猴。因为小公猴长大后就会被逐出猴群过流浪的生活，直到完全长大。成年的公猴如果认为自己身强体壮，就可以回来挑战猴王，如果胜利，它就是新任的猴王，而老猴王则被逐出猴群。

猴王为了显示自己至高无上的地位，喜欢占领最高点，独坐在猴山顶峰，然后高高翘起弯成“S”形的尾巴，显得威风凛凛。

1. 猴群中，除了猴王就是（　）和幼猴。

A. 公猴　B. 母猴　C. 野猴

2. 在一个猴群里，肯定有一只身强力壮的（　）任“猴王”。

A. 幼猴　B. 母猴　C. 公猴

猴子的屁股为什么是红的？

有人说猴子的红屁股是被火烧的，所以屁股就变红了。其实不是这样，因为猴子经常坐着，屁股上的毛就被磨掉了，露出了皮肤。猴子屁股上的血管特别丰富，这样一来就露出了血液的颜色，所以猴子的屁股就成了红色的。

答案：1. B　2. C

103. 冬天昆虫都去哪儿了？

蝴蝶等蛾类大部分是以茧的形式在地下过冬，土壤成了它们冬眠的温床，只要不受到冬耕翻地的破坏、禽畜的刨食，就可安全过冬。玉米螟、高粱条螟、粟灰螟以及多种危害水稻的钻心虫都以幼虫的形式过冬，它们钻到稻秆深处或根茎中，在越冬前尽量延长“隧道”的深度，并用啃下来的碎屑将隧道周围填满，又在隧道进口处吐丝结上一层薄网，既安全又保暖。蝗虫、蟋蟀、蚜虫、粉虱等以卵的形式过冬，成虫找到合适的地方，把卵产到那里，安全过冬。蚊、蝇大部分是以成虫过冬，每年气温逐渐下降、冬季临近时，它们就会钻到石洞、菜窖、畜舍等阴暗挡风的角落里躲藏起来过冬。

昆虫不管以哪种方式过冬，都要提前做好准备，首先是储存食物，其次要把体内的水分排出，防止结冰，最重要的是要找个隐蔽温暖的地方。

世界上还有三叶虫吗？

大约5亿年前，三叶虫非常普遍，目前已发现的化石就有4000多种，但三叶虫现在已经绝迹了，所以只能通过化石来了解它。大多数三叶虫有5厘米长，但有一些能达到1米以上。它椭圆形的躯体和许多相通的环节表明了节肢动物的结构。

1. 蝴蝶等蛾类大部分以茧的形式在（　）过冬。

A. 树上　B. 草地上　C. 地底下

2. 蝗虫、（　）、蚜虫等以卵的形式过冬。

A. 蝗虫　B. 蟋蟀　C. 蚊子

答案：1.C　2.B

104. 家鸭为什么不孵蛋?

许多人以为，家鸭和家鸡一样，是由母亲孵化出来的。其实，家鸭并不孵蛋，而是由母鸡代孵或人工孵化的。

家鸭是由古代的绿头鸭，即我们俗称的野鸭演变而来的。绿头鸭在我国分布很广，到了早春繁殖的季节，就成群结队地飞到北方，在近水的草丛、土穴或树洞中产卵，产4~12只蛋后开始孵化。到了秋季，雏鸭成群地飞回南方过冬，次年初春再北飞繁殖。绿头鸭被人们驯养以后，失去了迁徙的习性，人们为了得到更多的鸭蛋，就不让它停产抱孵，同时给予更多的光照和食物。经过人工选择和培育，家鸭年产蛋为200~300个，却失去了孵蛋的能力。

想一想

1. 家鸭是由古代的（　），即我们俗称的野鸭演变而来的。

A. 黑头鸭　B. 红头鸭　C. 绿头鸭

2. 绿头鸭的繁殖季节是（　）。

A. 春季　B. 夏季　C. 秋季

世界上最小的鸟是什么?

蜂鸟是世界上现存最小的鸟。它们穿行于花丛中，像蜜蜂一样摄取花蜜。蜂鸟只有人的手指长，鸟蛋只有一粒蚕豆大，全身的羽毛加起来还不足1000根。蜂鸟的喙细长，像一根吸管，能毫不费力地伸进喇叭形的花中取食。

答案：1. C　2. A

105. 为什么褐马鸡驰名中外？

褐马鸡是我国独有的珍稀物种，和熊猫、丹顶鹤、金丝猴一样，列为我国一类保护动物。在我国，只有山西省的吕梁山区和河北省西北部的山区有褐马鸡生活，山西省为了保护褐马鸡，于 1980 年建立了芦芽山和关帝山两个自然保护区。

褐马鸡的嘴呈粉红色，眼睛周围镶嵌着红色的眼圈，耳朵后面有一缕雪白的耳羽一直到头顶，形成一对翘起的羽角，腿和脚趾也是红色的，全身大部分是铿亮的褐色羽毛。褐马鸡的尾羽有 22 根，前半截是白色，后半截是黑褐色，在阳光下闪现出紫蓝色的光，非常美丽。

褐马鸡天性好斗，骁勇善战，遇敌后决不后退，而是冲上前去英勇拼杀，因此，人们就把它视为勇敢、顽强的象征。在我国汉代，就有把装饰着褐马鸡羽毛的帽子赐给武将的做法，这种做法一直延续到清代，人们把这种帽子叫作“翎子”。

1. 在我国，只有（ ）省的吕梁山区和河北省西北部的山区有褐马鸡生活。

A. 山西　B. 陕西　C. 河南

2. 褐马鸡的嘴呈粉红色，眼睛周围镶嵌着（ ）色的眼圈。

A. 绿　B. 蓝　C. 红

好斗的褐马鸡

雄褐马鸡之间常因争夺雌鸡而发生激烈的格斗。在此期间，雄鸡叫声洪亮，可以传到 2 千米之外。在鸣叫时，雄鸡常昂首伸颈，一副不可一世的模样，羽尾也会高翘起来，非常漂亮，以此来吸引雌性的目光。

答案：1.A　2.C

106. 鸡为什么不长牙齿？

鸡在啄米的时候，都是一口气就把许多米吞了下去，连嚼都不嚼。仔细观察鸡吃米的动作就会发现，原来鸡根本没有牙齿。这是为什么呢？

很久以前，鸡和别的鸟类一样，也是会飞翔的。为了适应飞翔的生活，鸟类在进化的过程中就养成了一种特别的取食方式。比如不用牙齿，而是用喙嘴来啄食；也没有膀胱，不在体内贮存尿液，产生的尿液也就连同粪便随时排出体外；食道的一部分膨大形成嗉囊，嗉囊可以暂存和软化食物。鸟类在飞行的过程中总是边飞边觅食，把捕获来的食物迅速吞下，存到嗉囊中，然后送到胃里，用胃里的砂囊的小石子磨碎食物，再消化吸收。这样的取食方式使得牙齿没有了存在的必要，所以，鸡和鸟类就没有牙齿了。

后来，尽管鸡由于人类的驯养已经不再需要靠飞翔来觅食了，飞行的本领也慢慢退化了，但是它的这种取食方式还是和鸟类的相同。

想一想

1. 人们经常会用（　）来形容不断点头。

A. 鸡犬不宁　B. 小鸡啄米

C. 鸡飞狗跳

2. 当鸟类在飞行的过程中飞翔的时候总是边飞边觅食，把捕获来的食物迅速吞下，存到（　）中。

A. 嗉囊　B. 砂囊　C. 胃

人们为什么要饲养母鸡？

母鸡会在鸡窝里下蛋，一只母鸡第一年大约能产250只蛋，以后就逐年减少了。我们平常吃的鸡蛋是母鸡未受精产下的卵。人类饲养家鸡除了想获取它们的蛋外，还会食用它们的肉。

答案：1.B　2.A

107. 喜鹊会给人报喜是真的吗?

人们经常说“喜鹊叫，喜事到”，也常以“喜鹊闹梅”图来表示喜庆。但如果听到乌鸦或猫头鹰的叫声，人们就认为会有灾祸发生。那么，喜鹊真的会给人报喜吗?

其实鸟类根本不可能预知未来，喜鹊报喜是人的主观想象，没有任何科学根据。

喜鹊的羽毛黑白相间，栖息时一条长长的尾巴上下摆动，十分讨人喜爱。清晨，喜鹊会飞到田野和庄稼地里吃害虫，也会吃很少一部分的谷类和植物种子。由于它不但有灵巧可爱的外形，还可以捕捉害虫，人们当然喜欢它了。而乌鸦全身羽毛乌黑，叫声凄厉，经常在树上聒噪不休，所以人们不喜欢它。

喜鹊的叫声虽然不可以报喜，却可以当作晴雨表。当它鸣叫婉转时，往往是晴天的预兆；如果喜鹊在树上不停地跳来跳去，叫声参差不齐，则是阴雨天快来的征兆。

1. 喜鹊（　）给我报喜。

A. 不会　B. 会

2. 喜鹊的叫声有（　）的作用。

A. 晴雨表　B. 报喜　C. 报灾难

为什么鹦鹉能模仿人说话?

鹦鹉喉咙里控制鸣叫的肌肉特别发达，能发出清晰的音调。而且它的舌头长得柔软，尖细而灵活，可以模仿人的声音。经过训练，它就可以模仿人说话了。

答案：1.A　2.A

108. 为什么小鸟在树上睡觉不会掉下来?

小鸟和人一样，睡觉时全身放松，那为什么它还可以牢牢地抓住树枝呢？奥秘就在鸟的脚上。

树栖鸟类的脚上有一个像锁扣一样的机关，也就是它的屈肌与筋腱很强壮，十分适合抓住树枝。即使它在树枝上全身放松蹲下睡觉，它也能用身体的重压使脚趾能牢牢抓住树枝，这样就能放心睡觉，保证不会从树上摔下来。每当鸟儿睡醒以后站起来，它脚上的肌腱又会重新舒展开。同时，鸟类为了适应环境的需要，在长期的飞翔中练就了一套高超的平衡本领，使得鸟的小脑比较发达，善于调节身体的平衡，所以睡在树上的小鸟不会前后摇晃。

1. 小鸟睡觉时全身放松却不会掉下来的关键在于（　）。

A. 脚上的肌腱　B. 翅膀　C. 嘴巴

2. 鸟的（　）比较发达，善于调节身体的平衡。

A. 脖子　B. 小脑　C. 脚趾

鸟怎样降落?

鸟是通过降低飞行速度来降落的。减速时，它们将身体转向使其变成朝上的姿势，并将尾部羽毛朝下展开。此外，它们还将双腿朝前下方放置，起辅助制动的作用。还有一些鸟在降落时要朝相反的方向轻轻扇动翅膀，仿佛是要把自己向后推似的。

答案：1.A　2.B

109. 鸟巢是鸟睡觉的地方吗?

很多人都认为鸟巢是鸟儿的家，也是鸟儿睡觉的地方，实际上却不是这样的。

动物学家在观察鸟类生活习性时发现，许多鸟儿并不在鸟巢中过夜，就连狂风暴雨的时候也不到巢中藏身。例如野鸭和天鹅，夜晚睡觉时，它们总把脖子弯曲着，将脑袋夹在翅膀之间，身体漂浮在水面上；而鹤、鹳、鹭等长脚鸟类，则喜欢站在地上睡觉。

既然鸟儿不在鸟巢中睡觉，那为什么要辛辛苦苦地筑巢呢？原来，鸟巢对大多数鸟类来说是繁殖后代的“产房”。在通常情况下，雌鸟在巢中产卵和孵卵，等小鸟孵出后，鸟巢又成为育儿场地。当小鸟长大开始独立生活时，鸟巢的重要使命已经完成，最终被鸟儿遗弃。

地球上的9000多种鸟类中，大部分鸟类的鸟巢仅仅是为了养育后代，不作为夜晚睡觉的家。

想一想

1. 大多数鸟儿（　）鸟巢中睡觉。

A. 在　B. 不在

2. 大多数鸟儿在鸟巢中（　）。

A. 繁殖后代　　B. 躲风避雨

C. 睡觉

织巢鸟怎样织巢?

在鸟类中，织巢鸟是出名的“建筑大师”。它们能用柳树纤维、草片等编织出精美异常的巢，由上而下把巢封好，并在底部留下一个入口。织好巢以后，织巢鸟还会再找一些小石块，放在窝里，防止巢被大风刮翻，真是考虑得既仔细，又周到。

答案：1.B 2.A

110. 哪种鸟不自己孵化后代?

杜鹃的背呈灰色，腹部有许多细小的横斑，样子和猛禽类的雀鹰极相似。当它飞到森林里时，许多小鸟会以为是雀鹰来了，纷纷吓得落荒而逃。这时，雌杜鹃就会乘机把蛋下到别的鸟窝里，让其他鸟给自己孵化后代。有时候，杜鹃会把蛋产在地上，等有机会时，再用嘴把蛋衔到其他鸟的巢中。

杜鹃最喜欢把蛋放在莺和画眉的巢里。由于杜鹃能够让自己下的蛋在蛋壳的颜色和花纹上与它所强占的鸟巢中的蛋非常相似，甚至达到以假乱真的地步，所以别的鸟就会毫不犹豫地帮它孵蛋。

另外，杜鹃蛋的孵化期比较短，小杜鹃只要一出生，它就会用头和屁股无情地把“养父母”的亲生子女一个个拱出巢外摔死，最后只剩下它这个“独生子”，可怜的莺或画眉会精心饲养这只杀害自己儿女的凶手。一般 20 天后，无情的小杜鹃便会不辞而别，开始自己的新生活。

1. 杜鹃喜欢把蛋放在（　）和莺的巢中。

A. 画眉　B. 黄鹂　C. 兔子

2. 其他的鸟孵出杜鹃后，以为它（　）自己的后代。

A. 是　B. 不是

杜鹃鸟的传说

相传古蜀帝杜宇，号望帝，在亡国后死去。其魂化为“子规”，即杜鹃鸟。他死后化鸟仍对故国念念不忘，每每深夜时在山中哀啼，其声悲切，以至于泪尽而啼血。他啼叫时流出的血，便化成了杜鹃花。

答案：1.A　2.A

111. 鹌鹑蛋上的花纹是怎么形成的?

大家经常吃的鹌鹑蛋上有许多黑白斑点，怎么洗都洗不掉，那是怎么回事呢?

原来，鹌鹑在下蛋前 5 个小时左右，硬壳蛋已经在输卵管内形成。在蛋缓慢下行的过程中，输卵管里色素细胞会不停地分泌出各种颜色的色素，以不同的比例，一层一层涂在蛋壳上，“绘制”出各种不同的图案。由于蛋壳外面有一层透明的保护膜，所以蛋壳上的图纹可以经久不褪色。

世界上的鸟蛋有各种各样的颜色和花纹，画眉的蛋是纯蓝的，短翅树莺的蛋像红宝石，大白鹭的蛋是翠绿的，夜莺和海鸥的蛋上有大理石般的花纹。其实，这都是鸟类抵御天敌和繁衍后代的本能使然。例如，白鹭把蛋产在石滩上，它的蛋与鹅卵石很接近；在红色土壤地区，鸟蛋多呈红色；在北方灰色土壤地区，鸟蛋则多带灰色。

1. 鹌鹑蛋外面有一层（　），使蛋壳上的图纹经久不褪色。

A. 黏膜　B. 蜡　C. 保护膜

2. 鸟在下蛋的过程中，输卵管里的（　）细胞会分泌各种色素涂在蛋壳上。

A. 色素　B. 染色　C. 色青素

为什么雌鸵鸟允许其他鸵鸟在巢中产卵?

雌鸵鸟主人允许其他不相干的雌鸵鸟在自己的巢中产卵，因为这样可以减少它自己的卵被猎食者偷走的可能性。主人能够根据蛋壳上气孔的图案辨别出自己的卵。

答案：1.C　2.A

112.啄木鸟为什么被称为“森林医生”？

啄木鸟的腿短而有力，脚趾中两趾向前，两趾向后，它的身体结构非常适合攀缘树木。它有坚硬的尾羽和刚直坚硬的嘴，舌头柔软细长，舌尖端有倒刺，便于钩出虫子。

啄木鸟喜欢吃隐藏在树皮中的虫，当它飞到一棵树上时，爪子紧紧地抓住树干，用坚硬的嘴“笃、笃、笃”敲击树干，检查树干内有没有害虫潜伏，就像医生诊察病人的时候用手敲击患部，听取声音辨认病状一样。如果听到树干里有空洞的声音，啄木鸟就会用它那刚直坚嘴把树皮凿开，然后把舌头伸进去，把害虫钩出来吃掉。

啄木鸟每天都在森林里为树木清除害虫，所以大家都说啄木鸟是“森林医生”。

想一想

1. 啄木鸟的身体结构非常适合（　）。

A. 攀缘树木　　B. 爬行　C. 游泳

2. 啄木鸟每天都吃隐藏在树木里的害虫，所以它是（　）。

A. 害虫专家　　B. 白衣天使

C. 森林医生

啄木鸟将巢筑在哪里？

由于啄木鸟凿洞的本领较强，它们会在树干上凿出各种不同形状的洞。这些洞可以作为哺育幼鸟的育婴室，有的作为自己的巢穴。啄木鸟每年都要搬到新凿的洞里去，而那些被抛弃的“老家”，则被其他动物当作一个现成而舒适的巢。

答案：1.A　2.C

113. 为什么河马常潜在水里？

河马生活在非洲水草繁茂的河流湖沼中。它白天总泡在水里吃水草，它的食量很大，每天能吃大概 60 千克的食物。如果水中的食物不够吃，晚上它就会跑到岸上来吃草，或者偷吃一些农作物。而它睡觉时是在岸上的。

白天河马常潜在水里，因为它四肢短，脑袋又太大，如果长时间在陆地上行走，四肢难以支撑巨大的身躯，沉重的头颅又带来很大的不便，而河水的浮力却可以使它减轻一些重量，在水里也凉快些。还有一个原因，就是河马的皮肤要经常保持湿润，以免干裂，所以河马不得不经常泡水。当河马上岸时，皮肤会分泌一种红色的液体来润滑皮肤，可别以为河马是在流血哦！

同时，河马喜欢泡在泥浆里，让身体布满泥巴，这是为了避开蚊子、苍蝇、跳蚤和虱子的叮咬。

想一想

1. 河马的四肢短小，不能支撑沉重的身体，所以靠（　）来减轻身体的重量。

A. 水的压力　B. 水的阻力

C. 水的浮力

2. 河马在岸上时，会分泌（　）的液体来滋润皮肤。

A. 透明　B. 红色　C. 白色

河马身上真带有“水下发报机”吗？

河马潜入水中时，阀门一样的肌肉组织会自动封闭它们的耳孔和鼻孔，但这并不影响它们在水下的听力和向同伴发出信号。被封闭的气孔中，能发出只有河马们听得懂的“嗡嗡”声和“嘀嗒嘀嗒”声。

答案：1.C　2.B

114. 会放电的鱼有哪些？

世界上会发电的鱼约有500多种，电鳐是最早被发现的。电鳐分布在太平洋、大西洋、印度洋等热带海域，在我国的东南沿海也有分布。

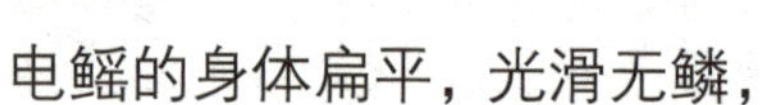

电鳐的身体扁平，光滑无鳞，头和胸部连在一起，尾部呈粗棒状，像团扇，背面前方的中央有一对小眼睛，腹面有一个横裂状的小口，口的两边各有5个腮孔，体长可达2米。

电鳐是怎么发电的呢？科学家们发现，在电鳐的头胸部的腹面两侧，各有一个肾脏形、蜂窝状的发电器官。这两个发电器，是由许多肌肉纤维组织的电板重叠而成的六角形柱状管，每个发电器中大约有600个这样的柱状管。当电鳐的大脑神经受到刺激的时候，这两个发电器就能把神经能变为电能，放出70~80伏电压的电来，将小鱼、小虾及其他小动物击昏吃掉。

电鳗能发出800伏的电压，是发电鱼的冠军。此外，电鲶也会发电。

鳐类的尾刺有什么用？

鳐类的尾鳍已经退化成一条长鞭状的尾巴，有的种类上面还长有一个坚硬的带倒钩的刺，这根刺用于刺死猎物和防御敌人。它们能够灵活迅速地使用这个武器，快速弹起尾部，即使是前方的动物也会被刺到。有些种类的尾刺还有剧毒，它们就可以通过尾刺将毒液注入入侵者的身体。

想一想

1. 世界上会发电的鱼约（　）多种。

A.300　B.400　C.500

2.（　）是最早被发现会发电的鱼。

A. 电鳐　B. 电鳗　C. 电鲶

答案：1.C 2.A

115. 鸳鸯是最恩爱的“夫妻”吗？

中国的传统文化中，鸳鸯是忠贞不渝的爱情的象征，但是科学家经过研究发现，鸳鸯平时不一定有固定的配偶，只有在繁殖期才成双成对，才有引人注目的亲密接触。雌鸳鸯担任着繁殖后期的产卵孵化工作和幼雏的抚养任务，雄鸳鸯全不负责，而是完全只顾自己，这怎么能称得上是“夫妻恩爱”呢？而且，如果其中一方死亡，另一方也不会守节，而是马上另觅新欢，把旧情抛在脑后。

雄鸳鸯很漂亮，是世界上最美丽的水禽之一。它的头上有红色和蓝绿色的羽冠，面部有白色眉纹，喉部金黄，颈部、胸部紫蓝，两侧黑白交错，嘴鲜红、脚鲜黄，令人过目难忘。雌鸳鸯则只有一身深褐色的羽毛，显得朴实无华。

1. 中国的传统文化中，对爱情忠贞不渝的楷模是（　）。

A. 鸳鸯　　B. 企鹅　　C. 相思鸟

2. （　）鸳鸯的羽毛特别漂亮。

A. 雌　　B. 雄

为什么鹤会翩翩起舞？

白鹤全体通白，外形看上去十分高雅。在求偶期间或是在风和日丽时，每当中午时分，这些天生的舞蹈家在饱食后常会大显身手，翩翩起舞。幼鹤多喜欢鼓翅急奔，练习飞舞，成年鹤则在原地迎风展翅，跳跃不已，或是在空地上来回飞奔，鼓翅跳跃，显得悠然自得。

答案：1.A　2.B

116. 为什么鲨鱼只能在海里生活？

鱼类分为软骨鱼和硬骨鱼。硬骨鱼是靠鱼鳔的伸缩才能自由地在水中升降。鲨鱼属于软骨鱼，没有鱼鳔，它的升降主要是依靠水的浮力来完成的。海水中的盐分比淡水中的高，浮力较大，所以鲨鱼只有在海里才能自由地游动。

鲨鱼素来都是海中的霸王，以凶残著称，人们往往闻之色变，而美国科学家大卫·鲍德里奇经过研究认为，仅有少量鲨鱼伤人是由于饥饿所致，而大多数鲨鱼在袭击人时，仅仅是咬上一口就离去了。假如是在混浊的海水里，鲨鱼袭击人可能只是出于误会。另一种解释认为，鲨鱼把它的受害者视为一种威胁，也许是游泳者无意中打搅了鲨鱼的求爱追逐，或是阻断了它的逃跑路线，因此就理所当然地遭到了鲨鱼的攻击。

1. 硬骨鱼靠（　），在水中自由升降。

A. 肺泡　　B. 水的浮力

C. 鱼鳔的伸缩

2. 鲨鱼属于软骨鱼，依靠（　）在海中自由升降。

A. 肺泡　　B. 水的浮力　　C. 鱼鳔

鲨鱼在游动时用眼睛吗？

大多数鲨鱼很少利用视力，而是依靠其他超强的感官来探测猎物。它们只在最后要猛冲过去咬住猎物时才用到视力。许多鲨鱼习惯于在黑暗的海底和浑浊的水中生活，如果遇到明亮的光线，它们就会把瞳孔收缩成为一条窄缝，防止因过度刺激而导致失明。

答案：1C 2B